住宅设计解剖书

住宅格局新思路

[日本]X-Knowledge出版社　编

江凡　译

江苏凤凰科学技术出版社 · 南京

图书在版编目 (CIP) 数据

住宅设计解剖书 . 住宅格局新思路 / 日本 X-Knowledge 出版社编 ; 江凡译 . -- 南京 : 江苏凤凰科学技术出版社 , 2022.6
ISBN 978-7-5713-2935-8

Ⅰ . ①住… Ⅱ . ①日… ②江… Ⅲ . ①住宅－室内装饰设计－日本 Ⅳ . ① TU241

中国版本图书馆 CIP 数据核字 (2022) 第 082147 号

住宅设计解剖书　住宅格局新思路

编　　者	[日本] X-Knowledge 出版社
译　　者	江　凡
项目策划	凤凰空间 / 罗远鹏
责任编辑	赵　研　刘屹立
特约编辑	罗远鹏
出版发行	江苏凤凰科学技术出版社
出版社地址	南京市湖南路 1 号 A 楼，邮编：210009
出版社网址	http://www.pspress.cn
总 经 销	天津凤凰空间文化传媒有限公司
总经销网址	http://www.ifengspace.cn
印　　刷	北京军迪印刷有限责任公司
开　　本	889 mm×1 194 mm　1/16
印　　张	8.5
字　　数	150 000
版　　次	2022 年 6 月第 1 版
印　　次	2022 年 6 月第 1 次印刷
标准书号	ISBN 978-7-5713-2935-8
定　　价	79.80 元

目录

封面图片　白井T宅（设计：i+i设计事务所。摄影：水谷绫子）

1 格局的基本规则

设计师在设计格局的时候，如果不知道空间的处理方法、
房间的配置和动线规划等基本规则，就设计不出好的格局。
本章除了对以上内容进行了详细说明以外，
还介绍了如何听取业主要求以及城市里常见的逆转方案和无障碍格局等。

必须遵循的最低限度！房间格局的10条原则

好的设计方案或房间格局，必须遵循的最低限度原则。在考虑方案的基础上，在这里为大家介绍实际应用中必须遵循的10条原则。

解说：岸未希亚

原则1 家的大小是由房间格局系数决定的

根据计划的居室数量和各个房间的大小，简单地计算建筑的总面积。如果预先算出，后期就不用修改设计。这里的房间指的是LDK[日本住宅中将客厅（Living Room）、餐厅（Dinning Room）和厨房（Kitchen）一体化的空间]、和室、卧室、儿童房等。

步骤1 列举希望的房间和计算必要的面积

客厅 8叠 + 餐厅、厨房 10叠 + 和室 6叠 +

卧室 8叠 + 儿童房 6叠+6叠 = 必要的房间面积总和 44叠≈73㎡

注：叠为日本建筑中榻榻米的面积单位，一张榻榻米为一叠。但在不同地域叠的大小也不尽相同，本书中一叠的大小为910 mm×1 820 mm，约为1.656 ㎡。

步骤2 参照房间格局系数计算房间的面积

必要的房间总面积 73㎡ ×1.8≈ 住宅整体的面积 131㎡

顺便说一下，在以房间数和面积为优先考量的商品房中，有很多房间格局系数低于1.5的例子

★房间格局系数

表示住宅宽裕程度的数值，规定系数在1.6～2.0范围内。系数取1.6的话，不能充分设置收纳空间和中间没有天花板的房间；系数取2.0的话，则需要更多富余面积，因此，系数从1.8开始进行调整比较好。

注：房间格局系数是建筑家吉田桂二首创。

步骤3 如果计算出的面积超出预算或法律规定的面积的话，使用右边的方法进行调整

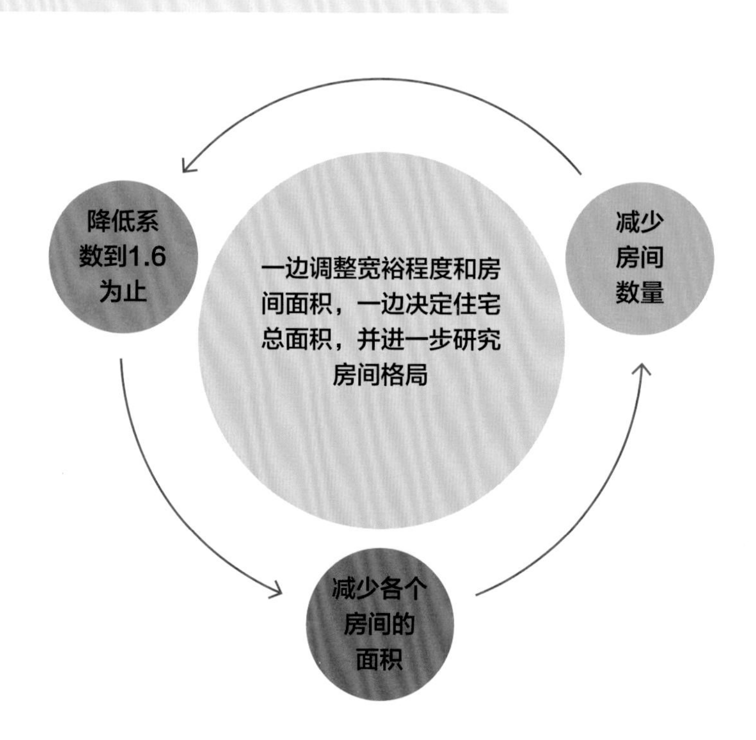

原则2 考虑采光，对地基进行分区

决定居住性能最重要的因素是日照（采光）。根据相邻住宅的状况，决定如何在地基上构建建筑物，并且构思大致的方案，探寻门窗位置。

步骤1 建筑靠北侧设置

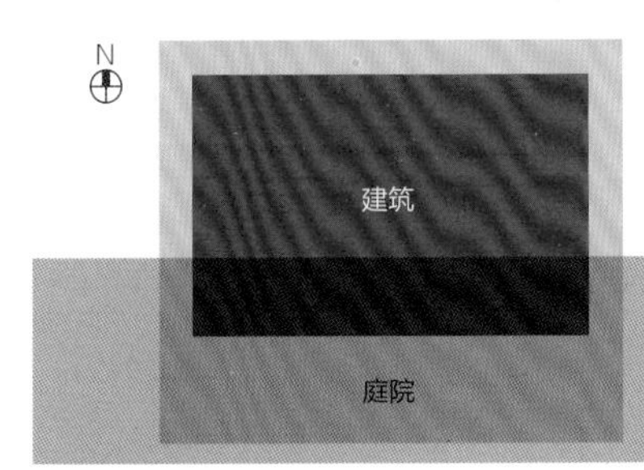

如果靠北侧设置建筑也无法得到充足采光的话，就采用在2楼南面设置挑空并在2楼配置LDK的逆转方案。

步骤2 将住宅设置成L形

将建筑设置成L形，使其一部分摆脱由南面相邻住宅所造成的影响，确保采光。凸出的部分虽然没有来自南面的采光，但可以得到东西方向的采光。

南面相连的住宅在白天投下的阴影。

原则3 可以考虑运用网格的形式设计房间格局

如果将房间格局和框架分开考虑的话，就会出现构造上不合理的地方，所以必须同时设计。要选取关东间[1]（1 760 mm × 880 mm）和京间（1 910 mm × 955 mm）等最适合该地区的网格，根据这个网格进行房间格局的设计。

步骤1 使用1间网格，尽可能不偏离房屋的框架进行房间格局的设计

1间（1820 mm）

1间网格平面图
1 : 200

如果设置成3尺[2]（910 mm）网格的话，虽然在平面上变得宽松，但无法保证与框架的一致性，并且会破坏明柱墙的框架美感，所以要尽可能采用1间网格构成，部分采用3尺网格。例如，欲在6叠大的和室中设置壁橱和壁龛，打造相当于8叠大的空间；欲在4.5叠大的房间中设置两个小房间，可以用3间宽度的1间网格进行设计。

步骤2 为了使大梁的长度不超过2间，在网格的交点处设置柱子，寻求房间格局与框架的一致性

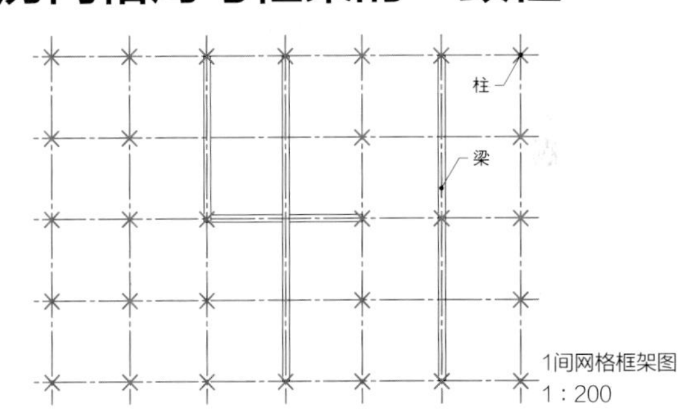

1间网格框架图
1 : 200

原则上，外围部分以1间的间隔设柱，采用搭接的方式合理安设大梁。内部在必要的大空间（没有设置柱子）部分架设大梁，图中横跨2间的大梁有6根，其他的大梁则只横跨1间，这样可以减少材料所占的体积。

步骤3 统一2楼和1楼的网格，使柱子上下一致

其实，如果将房间内所有的柱子一一对齐、整齐排列的话，那么会因为立柱的遮挡，让空间看起来狭窄很多。因此，上下层房间的立柱不用完全一致，这样才能够让上下层房屋内的空间得到充分利用，而且还有利于上下层空间的整合。

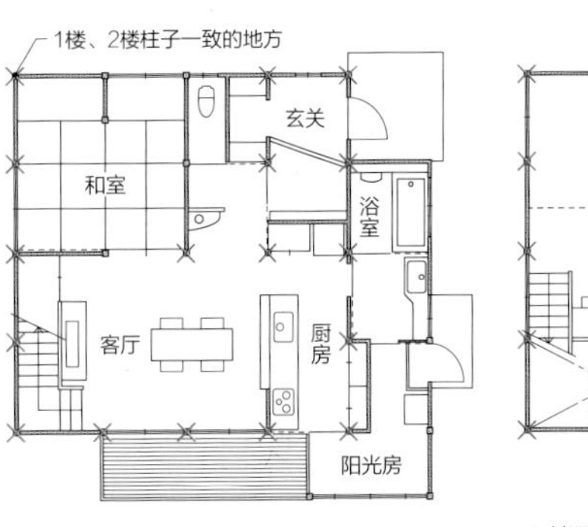

1楼平面图 1 : 200

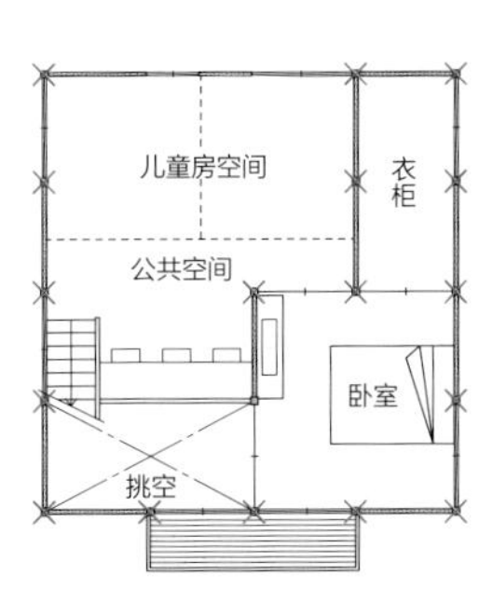

2楼平面图 1 : 200

1 “间”表示榻榻米的尺寸，其长边为日本建筑业常用长度单位。在不同地域，间被分成关东间、京间等不同类型，其大小也各不一样。本书中的网格为“中京间”，1间为1 820 mm × 910 mm。

2 尺：日本长度单位，约为303 mm。

将2楼设计成矩形

因为是在2楼之上搭设屋顶，所以从构思屋顶的外形开始，进行2楼的房间格局设计。为了使2楼屋顶面积大且形状简单，需要将2楼设置成矩形。

步骤1 由2楼必要的居室和房间格局系数决定2楼面积

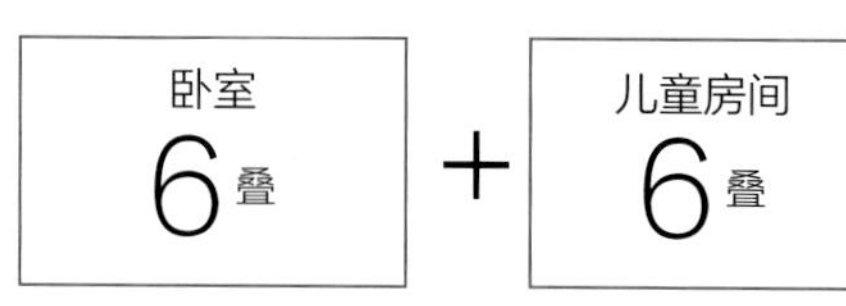

×2= 18叠

→A.充分保留挑空和储藏室空间：房间格局系数为

18叠 ×1.8 ≈ 53.5 ㎡

B.根据最小限度的宽裕来设计：房间格局系数为

→**18叠 ×1.6 ≈ 47.5 ㎡**

步骤2 由必要面积决定2楼外形，据此进行房间格局设计

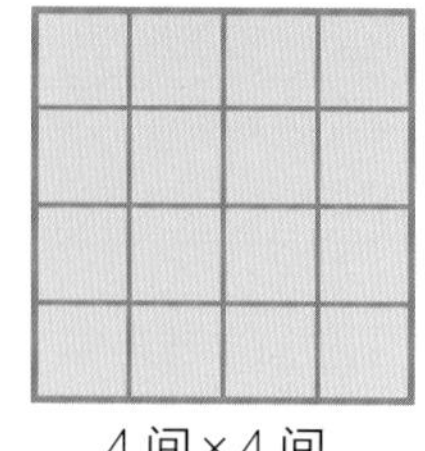

4 间×4 间

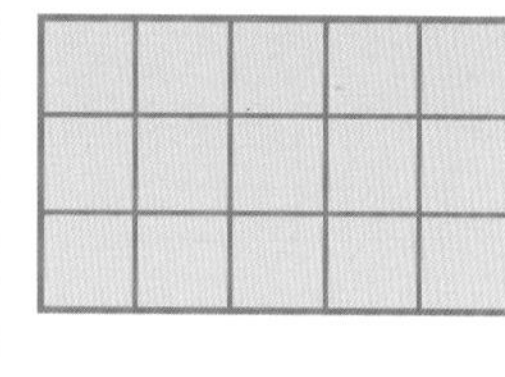

3 间×5 间

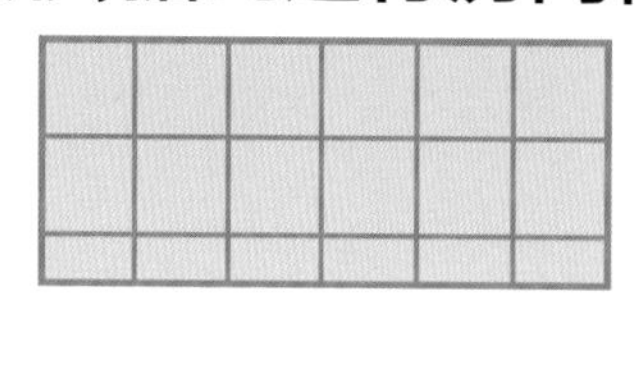

2.5 间×6 间

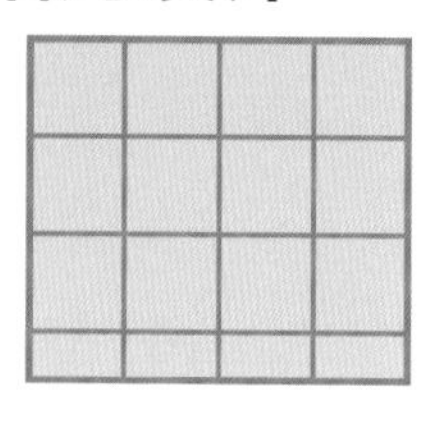

3.5 间×4 间

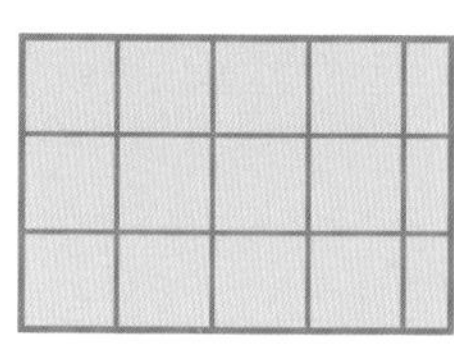

3 间×4.5 间

步骤3 以固定样式为基础，决定2楼的房间格局

2楼没有院子，也不与道路相连，所以不受地基条件约束。如果记住几个样式的话，容易做出相似的房间格局，也有可能直接移入1楼的房间格局。

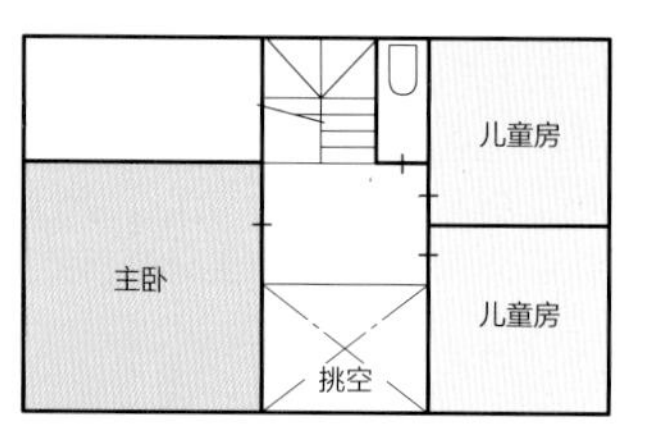

1 挑空设置在南面正中央

儿童房的一边采光不好，因此，将两个房间设置成一体，开设楣窗。

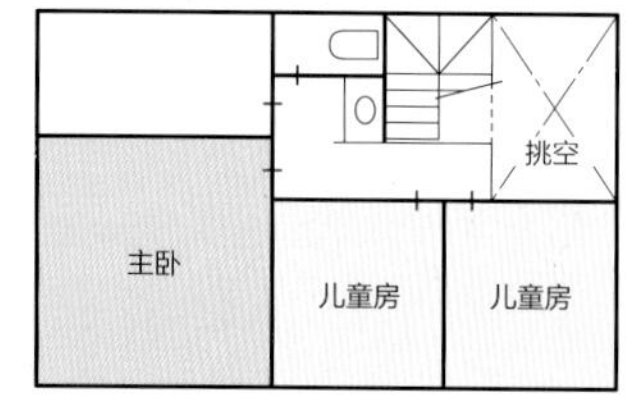

2 卧室朝南

在北侧挑空之下设置1楼的客厅和餐厅。

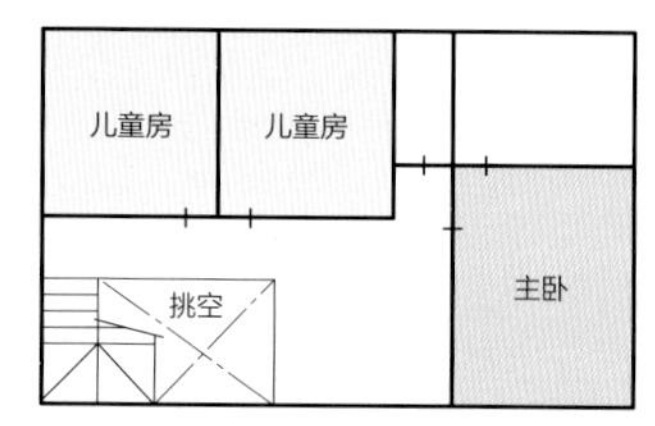

3 儿童房设置在北侧

朝北的儿童房连接着挑空和大厅，既显得宽敞，又具有很好的采光条件。

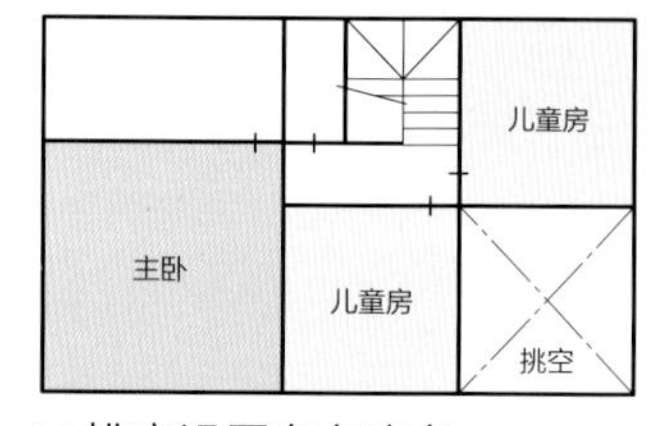

4 挑空设置在东南角

通过挑空，将儿童房与1楼的客厅、餐厅相连。

在整体2楼和侧屋的基础上考虑房间格局

不是在1楼的上面直接设置2楼，而是在与2楼结合一致的基础上加设侧屋，这才是正确的构造方法。原则上空间宽阔的1楼，能做出更加舒适的房间格局。

步骤1 设计2楼正下方1楼的平面图

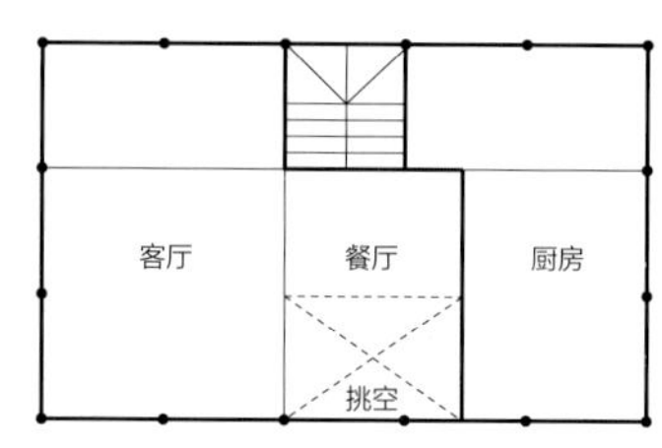

1 楼平面图　1：200

将2楼外围的柱子原封不动地延伸至1楼，可以将垂直方向的荷载直接传递到地面。所以，在2楼正下方的规划中，原则上要每隔1间设柱。这样的话，客厅、餐厅与和室等就没办法设置在2楼正下方，需要通过在外围加设侧屋来解决这个问题。

步骤2 保留庭院的同时配置侧屋

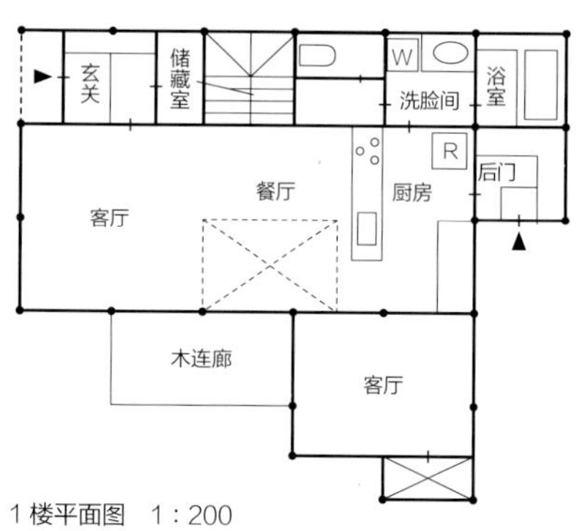

1 楼平面图　1：200

无法设置在2楼正下方的各个房间，一面要考虑道路或相邻住宅的关系，一面要在地基内留出庭院、服务场地、门廊、车库等空白的前提下来规划房间格局。虽然在步骤上是最后一步，但在决定2楼正下面的空间之前，还是有必要进行规划的。

（W：洗衣机；R：冰箱。余同。）

原则6 通过“房间”的连续性营造空间感

开放式的日本住宅，经常有将多个房间连在一起以及将一个空间用于多个目的的情况。有了这样的思考方式，即使整体面积不是很大，也能住得宽敞。

思路1 连接各个房间

设置成开放式房间，尽可能地连接其他房间。即使一个房间只有6叠大，但如果3个房间连在一起的话，就可以得到18叠大的宽敞房间。但是要划分出玄关、更衣室、浴室、夫妻卧室等空间，以及其他私密的房间。

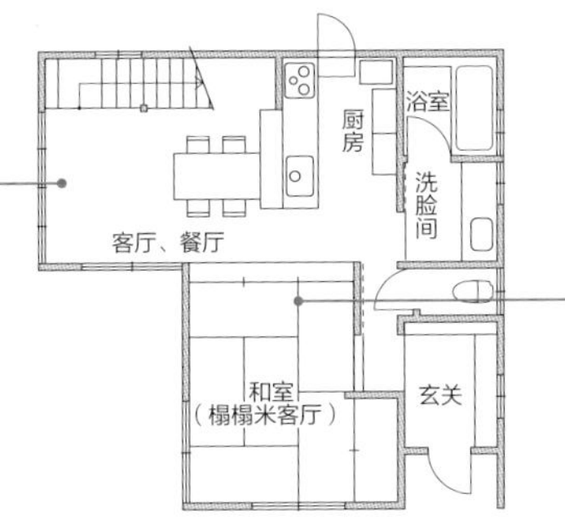

1楼平面图　1：200

思路2 将榻榻米房间设置成与客厅、餐厅连接的房间

如果将和室设置成封闭式的话，那么房间的使用率很可能大大降低。如果将和室设置成与客厅、餐厅等连接的空间，那么就能增加1个可以进行活动的场所。如图，这是一个结合餐厅和放置了榻榻米的客厅的例子。

思路3 客厅、餐厅一定要相连

吃饭时家人都会聚到餐厅，但聚会时并不一定都聚集在客厅。若将客厅和餐厅连接起来，便可一边做点其他的事情，一边若无其事地交谈，这样客厅、餐厅将成为连贯的空间。

原则7 用楼梯和挑空营造立体且开阔的空间

生活由连续的移动构成，即使人一动不动，视线也在移动。无论在哪里，水平方向和垂直方向的移动，都会在立体、开阔的住宅中孕育出动感。

思路1 楼梯从1楼客厅延续到2楼公共空间

若在1楼玄关处设置楼梯的话，那么2楼（个人空间）就会直接与外部相连。如果经过1楼的家庭空间然后到达2楼，那么2楼的楼梯口可以成为像共用空间一样的地方。

思路2 挑空被完美地设置在客厅和餐厅的上面

挑空的优点是：即使房屋被划分为1楼和2楼，也能感受到家庭整体的气息。因此，在2楼设置了家庭共用的空间，形成与1楼客厅和餐厅的立体连接。

决定1楼楼梯位置的工作最难。假设2楼房间格局与1楼同的话，那么需要在2楼修改。

即使是小的挑空，只要与楼梯设置成一体的话，就能产生强烈的宽敞感。

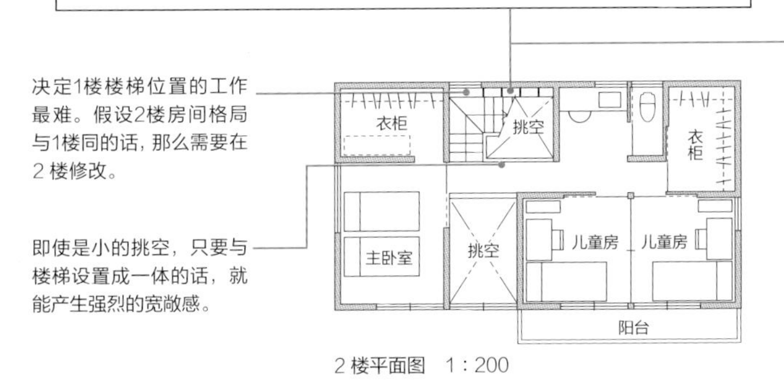

2楼平面图　1：200

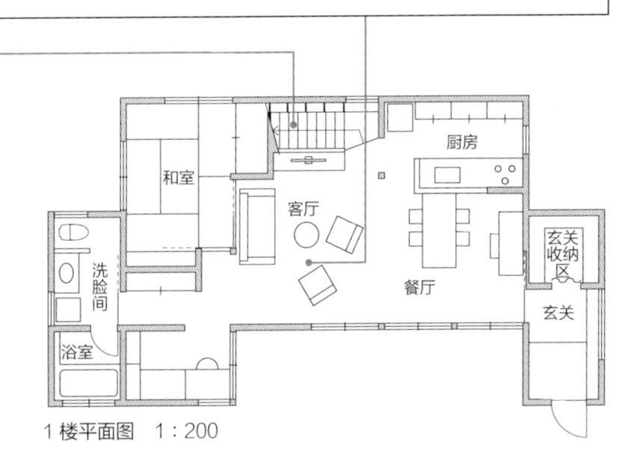

1楼平面图　1：200

原则8 减少走廊

减少走廊的一个目的是设置通风良好的房间格局，从而让家人健康地生活。另一个目的是不分隔生活的场景，打造家庭成员能互相接触、交流的空间。

思路1 减少单人房间，打造宽阔空间

在走廊（动线）里，不是用于“房间”与“房间”连接的旅馆般的房间格局，而是连接起“房间”形成大的宽阔空间。这仅限于明确需要走廊的地方。

思路2 极力缩短走廊

在设置了洗浴间、卧室和儿童房的场所，虽然走廊是必要的，但将洗浴间，即厕所、洗脸间、浴室3点作为一个单元考虑的话，即可缩短走廊的长度。

思路3 赋予走廊新的用途

加大走廊的宽度，将走廊作为学习角或娱乐场所，“走廊”的概念就会被淡化。2楼走廊作为挑空的一部分，同时实现了通向洗浴设施动线的共用空间化。

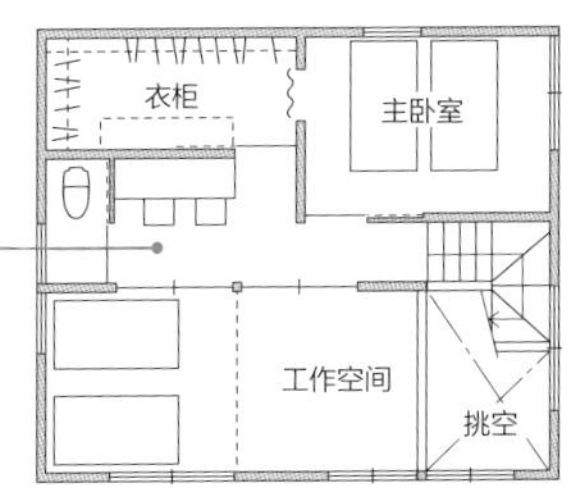

2楼平面图　1：200

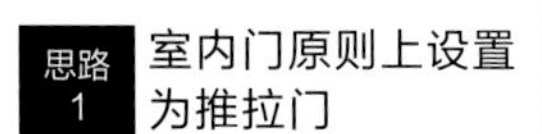

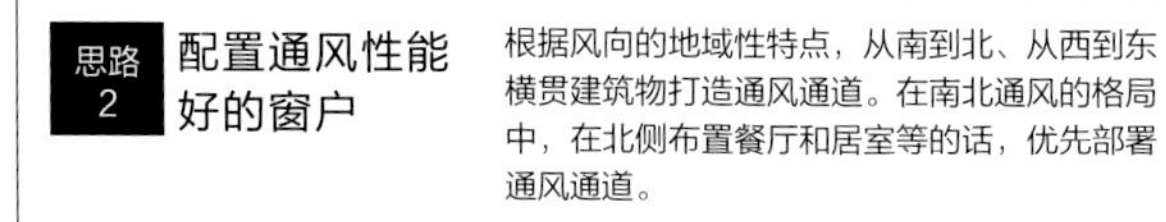

原则9 打造门窗处的通风道

隔热、气密性能好的现代住宅，在冬天非常防寒，而在夏天如果不使用空调设备，则要确保通风。这便有必要向先人们学习日本的开放式住宅构造。

思路1 室内门原则上设置为推拉门

与门一直关着这种常态对应的另一种常态是推拉门时开时关。使用推拉门的好处是既可以打造房间和房间之间连续的宽阔空间，还能促进建筑内部的通风。

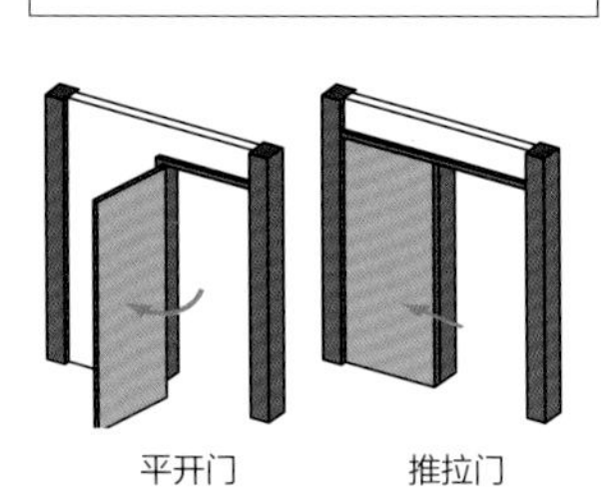

推拉门即使开着，也不会占用周围的空间，且不会影响家具的放置。

思路2 配置通风性能好的窗户

根据风向的地域性特点，从南到北、从西到东横贯建筑物打造通风通道。在南北通风的格局中，在北侧布置餐厅和居室等的话，优先部署通风通道。

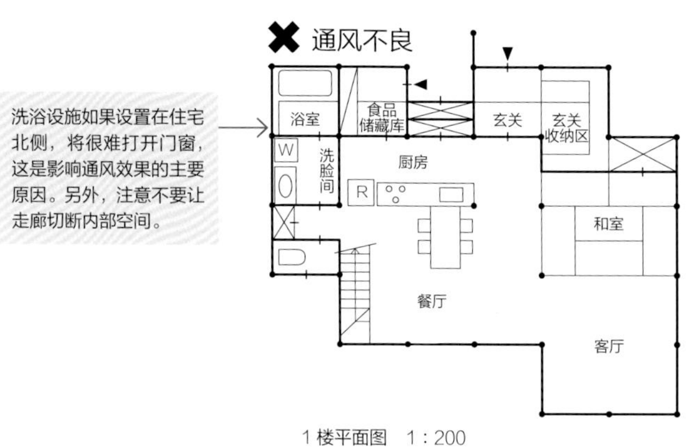

1楼平面图　1：200

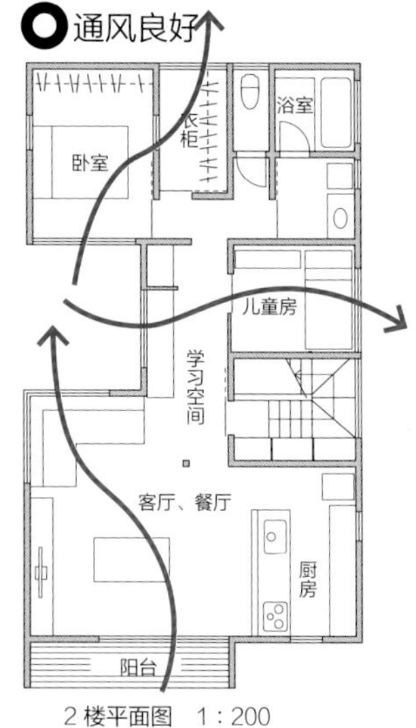

2楼平面图　1：200

原则10 设计屋顶和门窗处的外观

屋顶可以在设计房间格局的过程中确定下来，它涉及材料、斜度、流向等诸多设计要素。进行设计时，不仅要考虑门窗处与室内空间的协调，也要考虑从外侧看的视觉效果。

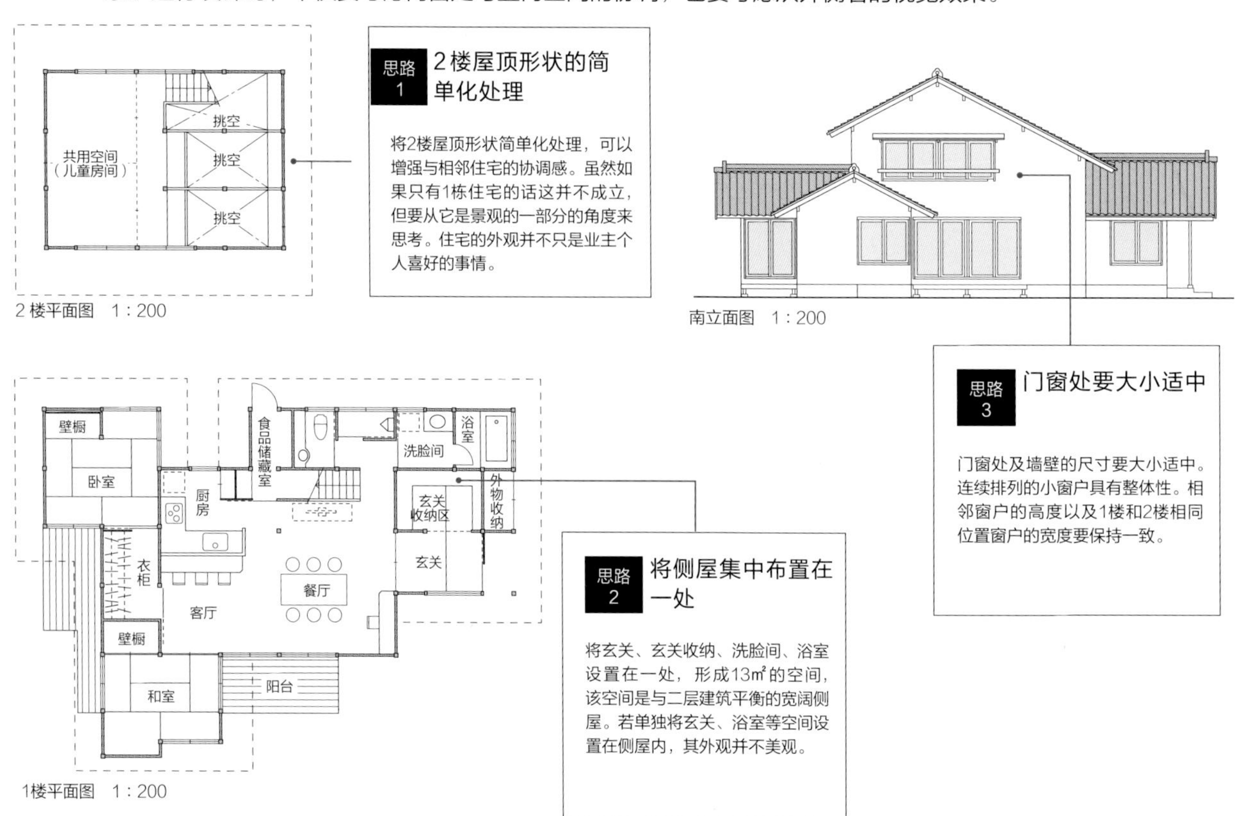

2楼平面图　1：200

南立面图　1：200

1楼平面图　1：200

思路1 2楼屋顶形状的简单化处理

将2楼屋顶形状简单化处理，可以增强与相邻住宅的协调感。虽然如果只有1栋住宅的话这并不成立，但要从它是景观的一部分的角度来思考。住宅的外观并不只是业主个人喜好的事情。

思路2 将侧屋集中布置在一处

将玄关、玄关收纳、洗脸间、浴室设置在一处，形成13㎡的空间，该空间是与二层建筑平衡的宽阔侧屋。若单独将玄关、浴室等空间设置在侧屋内，其外观并不美观。

思路3 门窗处要大小适中

门窗处及墙壁的尺寸要大小适中。连续排列的小窗户具有整体性。相邻窗户的高度以及1楼和2楼相同位置窗户的宽度要保持一致。

倾听与设计是走向成功的重要一步

如果事前了解以下信息的话，就会形成对建筑的大致印象，在倾听业主需求时可以做到心中有数。如果事前无法了解信息，那么在倾听的最初阶段进行确认就可以，但这样有日后再确认用地的可能。

解说：岸未希亚

步骤1 倾听业主想法前要了解的3个事项

在方案中满足业主的期望非常重要，所以要重视倾听和设计。这里按照实际顺序，说明倾听的关键点。

1 对预算的了解	根据预算确定建筑物的规模（地板面积）。特别是委托建筑公司和建筑专业人士进行设计、施工的话，关于样式和结构的规划等会有很多过往案例，这样估算地板面积基本不会有太大偏差。
2 对用地和法律规定的了解	根据用地的面积、形状、方位、建筑密度、容积率、斜线限制以及其他法律规定，确定建筑物的大小和形状。对于城市中的狭小地块来说，这些信息特别重要。
3 对周边环境的了解	对于采光条件、相邻住宅情况、窗的位置和地基的高低差等信息，不看到实际的建筑用地就无法得知。建筑用地周边地区的居住环境、街道设施和适合眺望的方向等也是设计的依据。

↓

根据用地情况，设想建筑物的规模、形状，并听取专业人士的意见。

步骤2 倾听业主提出的确认事项以及相关步骤

有很多人会听取业主的要求并将其写在意见簿上，但无法确定记在意见簿上的东西是否就是业主真正想要的。由此，设计者要与业主会面，倾听业主对生活方式和住宅的内心的想法。

1 家庭成员构成

要了解这栋房子是谁居住，有孩子的话，孩子的年龄和性别会影响儿童房的建造方案，这十分重要。想降低内部高度时，甚至需要了解家庭中每个人的身高情况。

→

2 对住所的基本想法

这与后面提到的“生活方式”有关，首先了解家庭的定位。以养育孩子为生活中心的住宅，与还没有养育孩子只有大人生活的住宅，在风格上有很大的不同。

→

3 家人的生活方式

从家人共同度过的时间和地点方面来考虑客厅和餐厅的设计。要了解饭后时间以及其他时间家人们是在哪里以及如何度过的。工作日和假日的度过方式家庭成员之间也存在着差异。

→

4 个人的生活

作为确定个人使用空间时的参考，要询问是否需要特殊空间、是否想要收纳特殊物品等。其他方面，可以通过询问工作、兴趣、爱好等，进行更深层次的交流。

→

5 对儿童房的想法及育儿规划

有必要倾听父母和子女在交流方面的想法，并将其反映在儿童房的设计方案上。也有随着孩子的成长再相应地划分房间的方案以及从孩子小时候就开始好好规划房间的情况。

→

6 对房间的具体要求

业主所希望的房间及其大小，也是不可忽视的部分。在设置这个房间是否必要，以及它的大小是否合适等方面，经常需要从专业角度考虑。对放入的包括家具在内的物品的尺寸一定要一一确认。

→

7 今后家庭结构的变化

5年后、10年后、30年后的家庭会变成什么样子？特别要确认一下，孩子长大后，关于孩子房间怎么利用的问题。另外也要确认孩子是否会与父母一直生活在一起以及父母晚年生活是否独居等问题。

→

8 将结果记入备忘录或问卷。

如何进行询问结果的记录并分析要点

将容易进行预先分析的内容总结后写在意见簿上是一项很有效的导前准备工作。在这里，从步骤2的确认事项中，挑出重要的内容进行说明。

1 关于住所的基本想法

□ 家人能切身感受到的布置大方的房间格局
□ 重视个人生活、独立性很高的房间格局
□ 访客很多的，从客厅划分出接待空间的房间格局

2 家庭的生活方式

◎询问工作日和假日里家庭的生活状况
□ 家人不只在吃饭时，其他时间也会一起度过
□ 吃饭时家人一起吃，而饭后则在各自的房间中度过
□ 吃饭时家人几乎不会聚齐
◎关于地板座和椅子座
□ 吃饭时坐在椅子上围着饭桌，饭后坐在沙发上打发时间
□ 吃饭时坐在坐垫上，围在矮桌子周围，饭后则坐在地板上或躺下等

3 个人的生活

男主人：回家后在哪里以及干什么，节假日又会怎么度过，有什么兴趣爱好等
【　　　　　　　　　　　　　　　　】
女主人：有工作还是整日在家，有什么兴趣爱好或今后有什么想要做的事情等
【　　　　　　　　　　　　　　　　】
孩　子：回家后在哪里以及干什么，节假日是否在家，有什么社团活动、兴趣爱好等
【　　　　　　　　　　　　　　　　】

4 对房间的具体要求

所希望的房间及其大小：因为预算决定总面积，所以其始终作为大致标准
【　　　　　　　　　　　　　　　　】
设备框架：使用煤气还是电，采取何种取暖方式，是否采用太阳能发电
【　　　　　　　　　　　　　　　　】

分析要点

这与家庭构成等方面密切相关。以养育孩子为生活中心的住宅，宜采用布置大方的格局；没有孩子只有大人居住的住宅，宜采用独立性高的格局；亲属聚会多的话，宜采用以客厅优先的格局。但是，不同的人具体情况也不相同，要从与业主的谈话中探寻。

带给家庭空间设计方案决定性差异的是坐在地上还是坐在椅子上这一使用区别。现在居住的住宅，由于空间狭小无法放置沙发。新盖一栋房子的话，想要放置沙发，有类似这样的想法的人也是有的；也有几乎不使用沙发，只想坐在地板上的情况。因此，一方面对比现在的生活方式与今后的生活方式，另一方面进行询问的话更好。

是否有必要在室内设置特殊空间，不仅要听取业主意见，还要对实际生活进行探索。比如用作书房的单间是否必要，客厅一角安放的柜台是否够用。另外也要确认一下因兴趣爱好和社团活动等拥有的大型道具、服装的多少等，以及需要收纳的物品数量。

虽然询问业主希望的房间大小很正常，但对“家的大小”的把握要在正确运用第010页原则1的基础上，在现场计算住宅面积，能立刻回答上来的话就更好了。设计建议的阶段因为“没有考虑房间格局，将面积缩小了”会使业主失望。除此之外，还要掌握各种设备信息、厨房规格、冷气和暖气器具的设置空间以及管道路线等知识。

将业主的要求划分出优先顺序

在询问中，如果出现矛盾点或者业主要求过于繁多等情况，需要当场确认其优先度。仅仅收到问卷的情况下，会因为无法了解其优先顺序，而导致方案无法满足业主要求。如果业主提出了很多要求的话，建议将优先顺序分成三级。实际上，设计师要充分理解“舍弃”的重要性，找出业主真正的追求。

不要询问不必要的事情

关于对业主的询问，以笔者的经验来看最重要的是不要过多询问不必要的方面。特别是由业主填写问卷的形式，详细记载询问事项的多个分支的话，会导致无法思考太多就草率写进笔记的情况出现。如果业主要求变得过多的话，设计就容易没有重点，也很难得到合适的方案。只向业主询问优先度高且最根本的问题，这样才能做出既发挥设计能力，又能被业主采纳的空间格局。

以询问的内容为基础考虑设计方案

在询问业主之后，整理业主的要求并思考优先度，综合占地条件进行规划。应该如何计划，以及如何体现实际要求，可以从这个平面图中获取到答案。

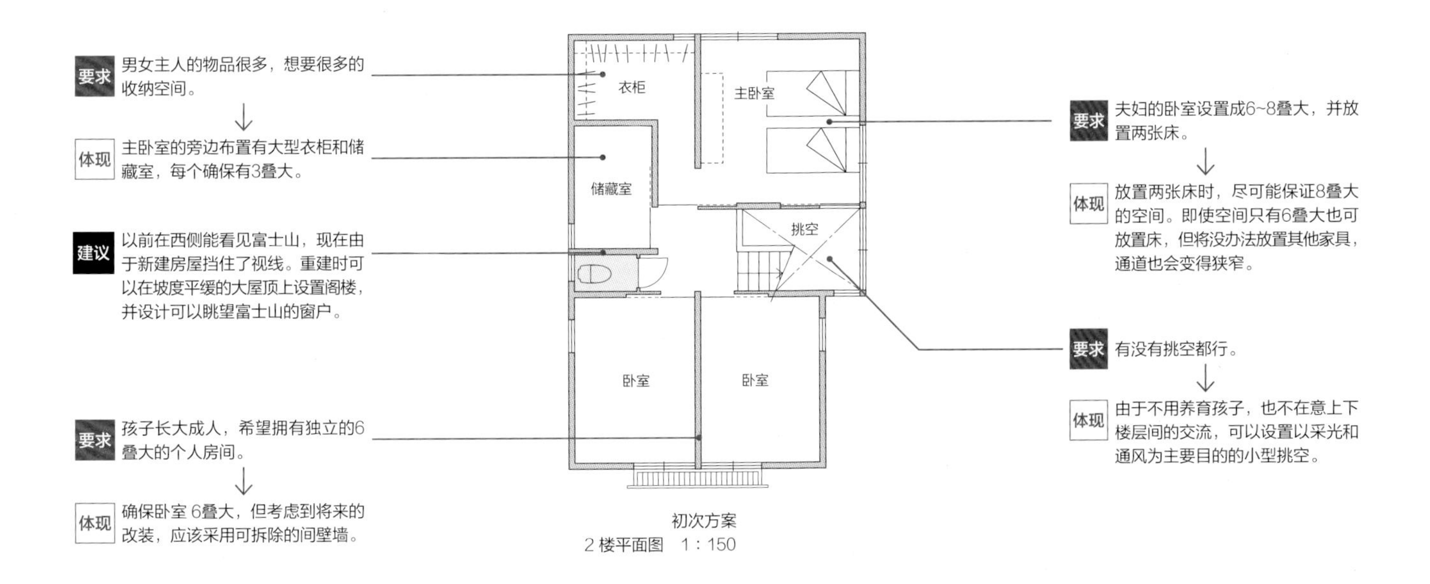

初次方案
2 楼平面图　1：150

不仅用平面图，还用透视图和剖视图说明建筑的外形和空间

在调查和询问建筑用地的基础上，探讨设计方案，制作（房间格局）平面图。除非住宅形状简单，否则下次与业主会面时，如果说明资料只有平面图，那么将无法充分展现住宅的设计。

最好除平面图以外准备简单明了的透视图和模型。大多数业主并不是专家，基本上没有从二维的平面图和外观图读出三维空间的能力。

使用透视图和模型的话，可以很容易地从外观看出建筑的大小和屋顶的形状，并确认窗户的位置和高度。可以充分展示出房屋连续整体的效果以及窗外的景色，给人留下平面图无法表现出的宽阔的空间印象。

模型则弥补了想象力的不足，更容易让人看懂，但也有难以理解抽象模型的人。虽然透视图和3D影像更容易让人理解，但那需要花费大量功夫。如果没有足够时间的话，建议绘制剖视图。另外还可以加入人物和景点描绘，这样不仅使人更容易理解它的规模，又为画面添加了动感，并且进一步表现出空间的魅力。

对记录结果进行重新分析

在说明分析的结果后，提出计划方案，与此同时应就如何满足业主的要求，以及提出什么样的方案进行说明。最好是设计者本人口头解说。

但是，当场采纳计划的业主很少，多是带回去重新阅读，也有些人回家后会向家人和亲属（特别是资金提供人等）进行说明。

虽然是口头解说，但将关键点写到记录结果上会便于理解，也方便之后阅读。

不要单方面说明，还要倾听业主的意见

虽然信心十足地提出计划，能给予业主安心感，但尊重业主的感觉和要求也很重要。

对于积极表达意见的业主，不要强行灌输自己的意见，不要拘泥于最初的计划方案，可根据具体情况进行变更，采取折中的应对策略。

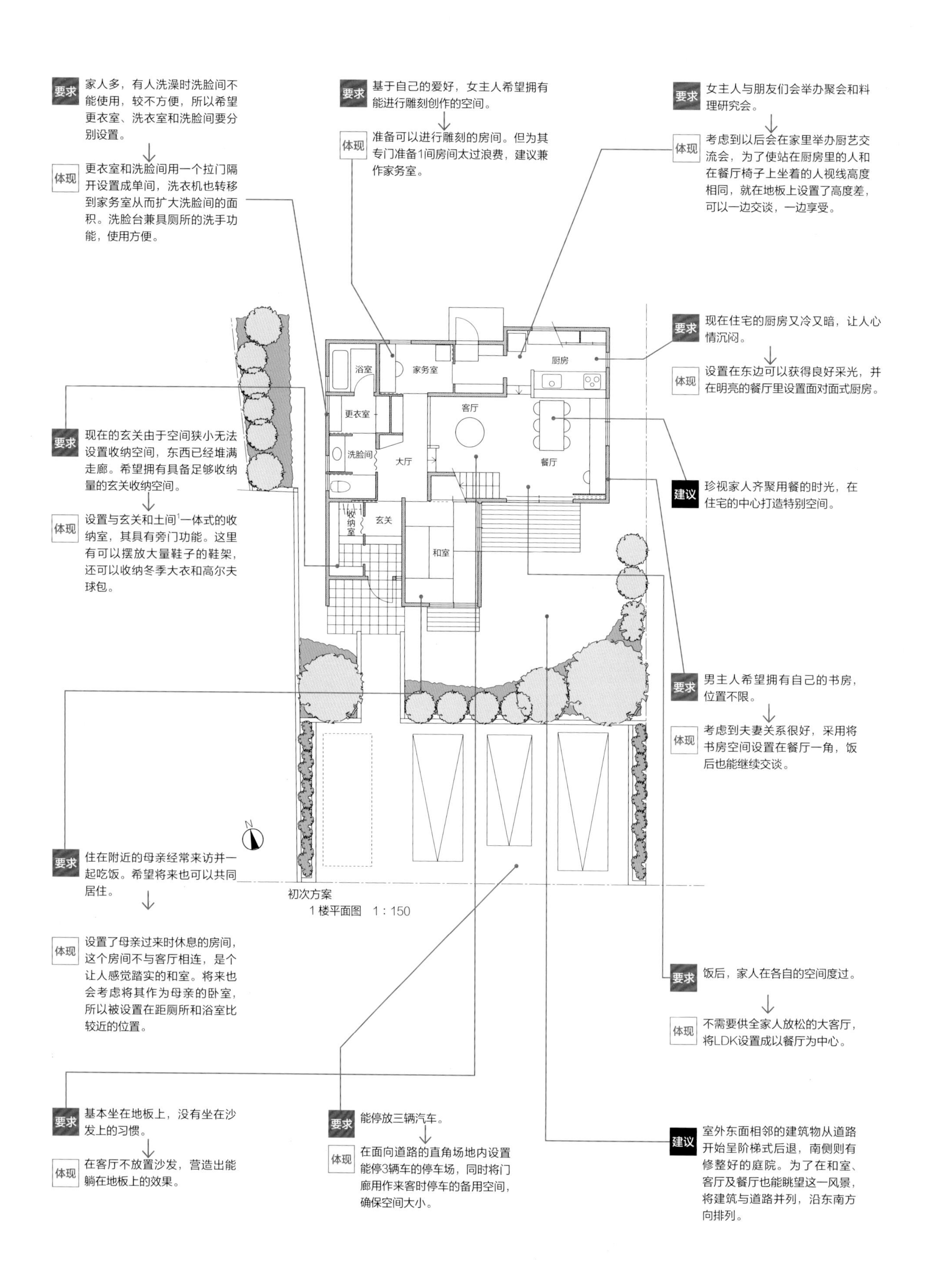

1　土间：在日本传统建筑中，房屋内部的一种室内设计，指没有铺地板的土地房间。在现代的民宅建筑里，土间已经缩小为单纯用来区分屋外和屋内的狭小玄关空间，成为纯粹用来脱放鞋子的地方。

善于总结业主对方案变更的要求

想要确定最终方案，必须客观地看待最初方案。利用符合业主要求的应对方案和规划，并介绍让业主满意的具体例子。

解说：岸未希亚

步骤1 听取业主对最初方案的要求

这个阶段旨在接受业主的具体建议。业主切实的要求也许有很多，要尽量准确听取。

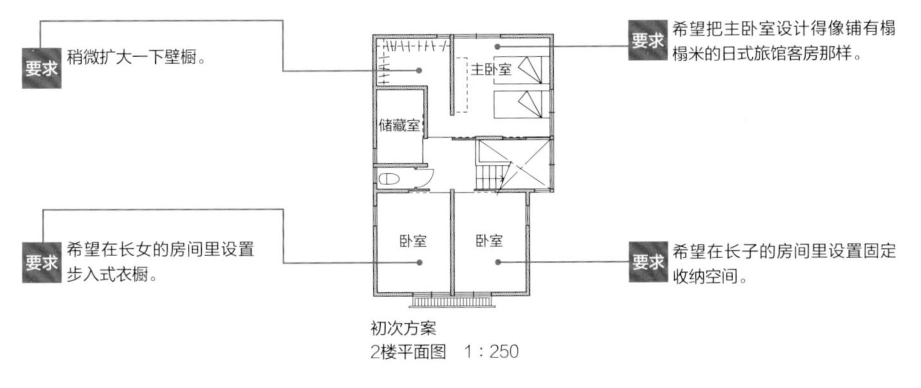

初次方案
2楼平面图　1：250

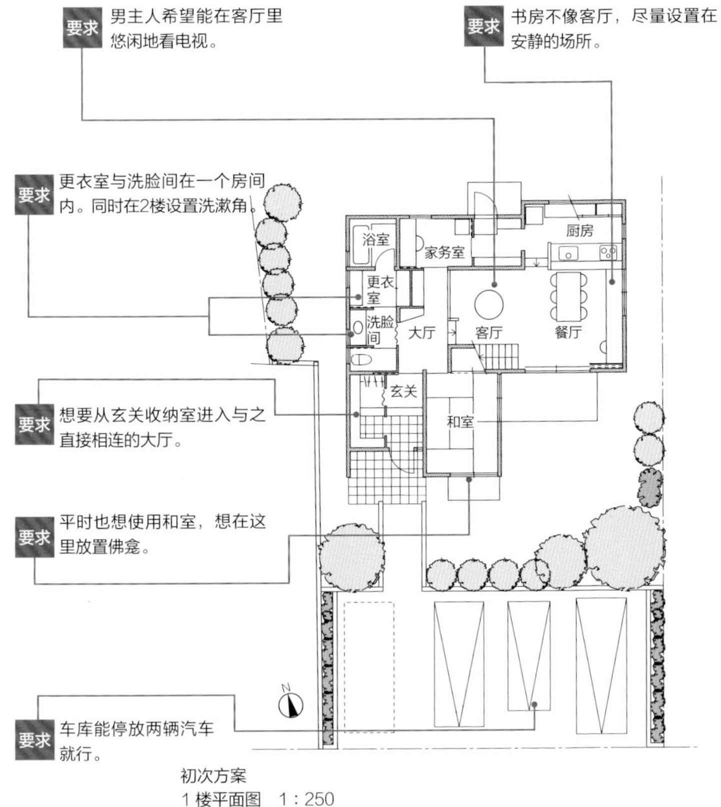

初次方案
1楼平面图　1：250

我们常常要修改计划直到业主采纳为止，有时需要修改很多次才得以完成的住宅方案，与其说是走样，倒不如说失去了当初方案具有的光辉。因此，在最初解说时要有相应的准备和决心。

尽管如此，如果方案能仔细考虑到业主的需求，那么会容易被业主接受。判断业主修改的内容，如果这个变更只会给整个方案带来微小影响，就在业主的面前修改；如果时间充裕，就拿回去从头仔细研究，但现场解决并询问意见会更有效率。

从业主对计划的误解处及业主追加的要求等方面着手，重新研究整个计划，而不是抛开最初的计划在全新状态下进行研究。此时如果有新的想法，也可以进行分区规划。寻求与业主共同的意向，提高下个方案被顺利接受的概率。

业主采纳方案后想象建成后的样子。大多数情况业主不会选择最初方案，但有可能最终决定选用改进后的第二次方案。

步骤2 协调新的要求，确定最终计划

因为不能实现所有要求，所以要用职业眼光来判断取舍。调整业主要求，落实最终方案。

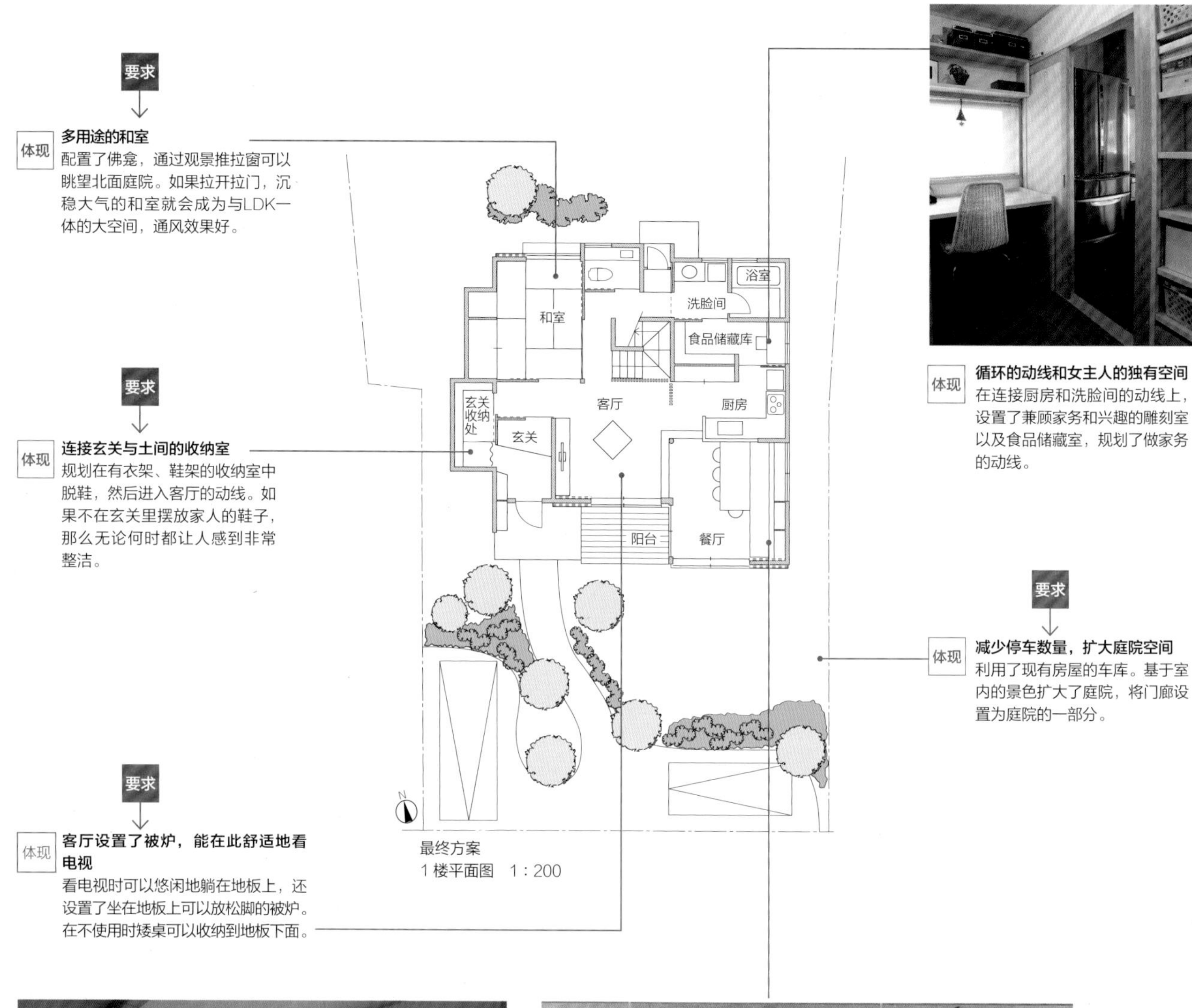

最终方案
1楼平面图 1：200

体现 **在面向庭院、采光好的地方设置餐厅**
餐厅是方案的主角，是家人聚集的中心，也可以在这里接待朋友，共度愉快时光。这里打造了使用外露的望板装饰天花板的舒适空间。餐厅对面的厨房也很明亮，视野开阔。

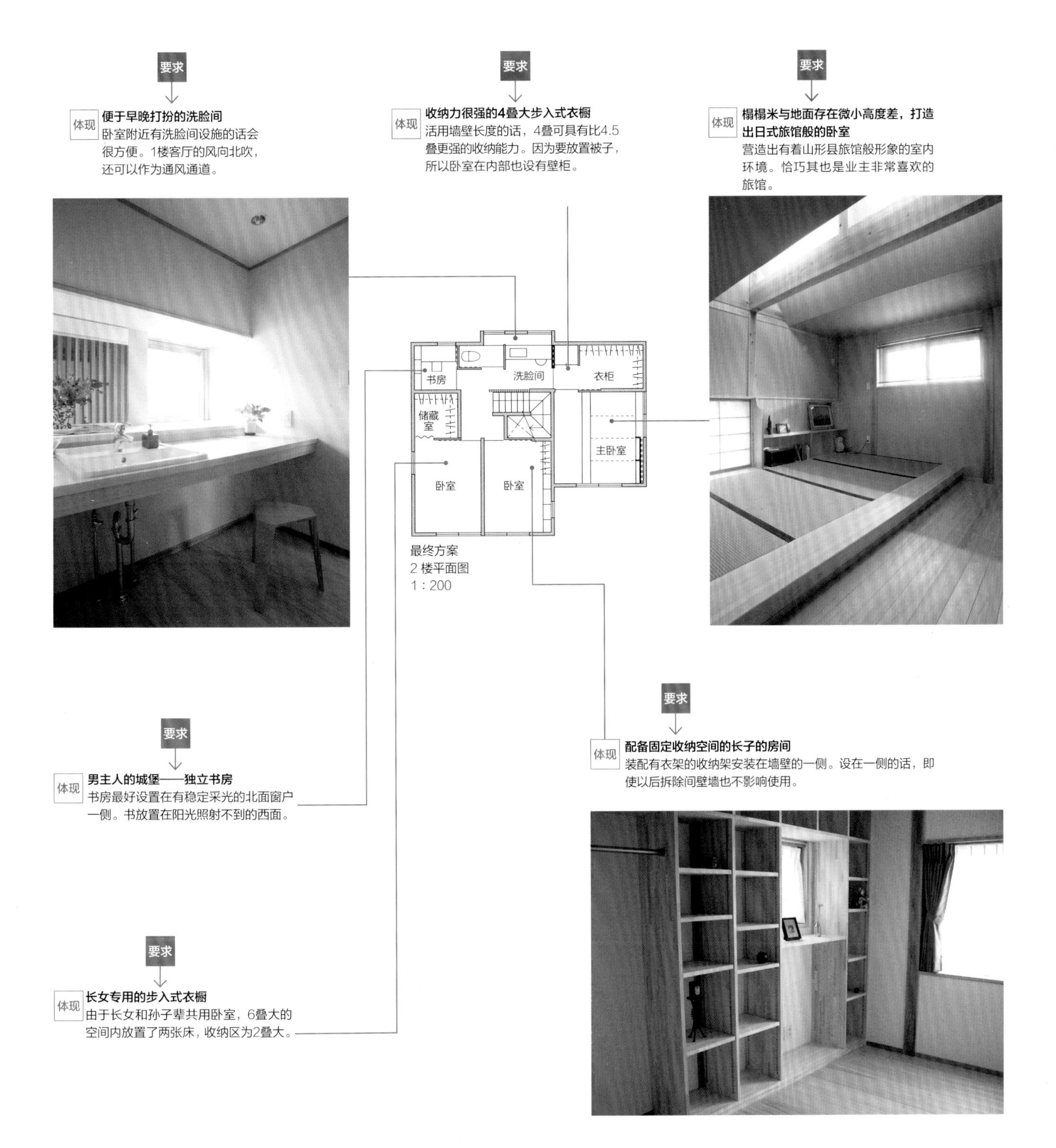

最终方案
2楼平面图
1：200

要求

体现 **便于早晚打扮的洗脸间**
卧室附近有洗脸间设施的话会很方便。1楼客厅的风向北吹，还可以作为通风通道。

要求

体现 **收纳力很强的4叠大步入式衣橱**
活用墙壁长度的话，4叠可具有比4.5叠更强的收纳能力。因为要放置被子，所以卧室在内部也没有壁柜。

要求

体现 **榻榻米与地面存在微小高度差，打造出日式旅馆般的卧室**
营造出有着山形县旅馆般形象的室内环境。恰巧其也是业主非常喜欢的旅馆。

要求

体现 **男主人的城堡——独立书房**
书房最好设置在有稳定采光的北面窗户一侧。书放置在阳光照射不到的西面。

要求

体现 **配备固定收纳空间的长子的房间**
装配有衣架的收纳架安装在墙壁的一侧。设在一侧的话，即使以后拆除间壁墙也不影响使用。

要求

体现 **长女专用的步入式衣橱**
由于长女和孙子辈共用卧室，6叠大的空间内放置了两张床，收纳区为2叠大。

轻松完成家务的7条动线

动线根据其用途来划分，要有机分配功能并落实方案。这里特别整理出7条重要的动线。

解说：胜见纪子

1 购物、做饭的动线

● **动线的流向：做饭时要多次进行收纳和冷藏的工作**

从外边带回的食品必须保存在某处，以冰箱为主，但需常温保存的东西要放在另外的储藏室。做饭时，从冰箱和储藏室、收纳架、橱柜等反复拿出、收纳必要的东西，一边使用各种家电一边做饭。另外，烹调产生的垃圾因暂时保存的场所以及清理方式的不同也会出现新的动线。

● **方案的要点：注意冰箱、烹调家电和储藏室的配置**

如果距离厨房中的橱柜、冰箱等太远的话，那么做饭就会变困难，所以将它们配置在回头就能使用的位置和90°角的位置。至于常温保存品和与烹调相关的库存品的存放地点，通过后门另外设置储藏室，使用起来也非常方便。储藏室离厨房很近，设置在不通向客厅等的位置。同时，后门的设置也便于搬运食品、扔垃圾等。

2 用餐的动线

● **动线的流向：厨房、餐厅的动线最重要**

吃饭时，从厨房到餐厅，拿出、放回饭菜和餐具这条路线非常重要。不仅在吃饭的前后，而且在途中拿调料等的走动也不少。厨房与餐厅是面对面式、并排设置式还是独立式，相应的动线也会不同。

● **方案的要点：面对面式厨房要在动线的距离上下功夫**

面对面式厨房设置在餐厅附近并面对餐厅，方便传递料理等，是如今很受欢迎的一种布局。不过，在厨房和餐厅间的往来，也会出现绕远进入的情况，要特别注意这一点。

3 洗衣的动线

● **动线的流向：内容零散，动线也很复杂**

洗涤的步骤是：收集要洗的衣服→分类→（必要时事先洗涤）→洗衣机洗涤→晾干→收取→折叠、分类→收纳。不仅内容、时间零散，而且动线也很复杂。同时，全由1人完成、一家人分担完成或某个部分由个人特定完成等，根据不同家庭的生活习惯，动线也会发生改变。

● **方案的要点：根据家务内容，改变房间的宽度和动线**

根据家务内容，改变各房间的宽度和动线。首先晾衣的地方很重要，根据是在院子里、阳台上或室内晒干，还是用烘干机烘干，动线会有很大不同。其次衣物的收纳场所，是在个人的房间还是在共有的衣帽间，把握这一点也很重要。

4 扫除的动线

● **动线的流向：动线涉及全部家庭成员**

打扫是涉及全家人的事情。使用吸尘器清扫的话，可以一边打开窗户和房门通风，一边清扫。另外，使用抹布清扫的话，往返厕所等的动作很多。此外也有使用拖把和方便的清洁电器的，每次清扫工作的流程也不同。

● **方案的要点：能够轻松移动和通风**

对于频繁使用吸尘器打扫的人来说，吸尘器的移动和通风十分重要。地板上没有台阶，房门采用拉门更方便清扫。另外，吸尘器应放置在面向哪里都能轻松取出的位置。跨楼层时携带吸尘器走路很麻烦，最好在每层设置1个能够容纳1台吸尘器的空间。用抹布打扫的话，最好2楼也有厕所。

5 放松身心的动线

● **动线的流向：以客厅、餐厅为起点**

客厅和餐厅等比较适合作为放松身心的场所。它们都是向各房间移动时考虑作为起点的地方。

● **方案的要点：考虑经过LD的动线**

作为向各房间移动的起点，要注意不能被动线破坏房间稳定性。特别是家务动线和在玄关、厨房、楼梯等之间频繁往来的动线，不要经过LD的中心。另外，放松身心的时候不宜频繁走动，在LD中配置、收纳与放松身心相关的物品比较好。

6 沐浴的动线

● **动线的流向：脱衣、沐浴、穿衣这样连续的动线**

在1楼设置洗脸间、衣帽间等作为洗浴设施空间，还有使用比较多的浴室。考虑脱衣、沐浴、穿衣等一连串动作，合理进行配置。

● **方案的要点：考虑洗衣和收纳**

要脱下衣服，自然就要考虑洗衣和衣物收纳等相关事项。另外，将沐浴动线设在2楼卧室附近、晾衣服的阳台旁、从室外出入方便的庭院旁等，要灵活思考，为每个家庭设计方便生活的动线。另外，也需要考虑一下上年纪后的使用是否方便。

7 外出、回家的动线

● **动线的流向：根据外出、回家的情况，动线也会改变**

要考虑外出时换衣服、打扮、洗脸、化妆、穿鞋，以及回家后洗手、换衣服、入浴等情况。

● **方案的要点：梳理洗浴设施的动线**

为了顺利完成外出前、回家后一连串的事情，先要梳理好衣柜和洗浴设施的动线。对于回家后想要马上换衣服、洗澡的家庭来说，有放置在玄关和客厅附近，兼具家人共用衣帽间衣柜功能的就很好。另外，衣帽间和洗衣机相邻设置的话，更能提高便利性。

↓

梳理动线的要点

家务动线不能和放松身心、用餐的动线交叉。另外，对于做饭和洗衣等费时的家务动线，在设计方案时，必须征询业主意见，但注意不要将操作变得太繁杂。

案例:试着规划7条动线

案例采用逆转方案，与一般的方案相比，会有上下楼层的移动。以家务动线为中心高效规划的重要性，希望能从下面的动线规划中得到体现。

圆正寺的木制建筑

设计	NOOK工作室
施工	国分建筑工程公司等
家庭构成	夫妻+3个孩子
占地面积	176.13 ㎡
使用面积	127.49 ㎡(1楼:64.81 ㎡ ;2楼:62.68 ㎡)

从餐厅穿过客厅，可以看到榻榻米房间。以楼梯为中心的环形房间格局，对应休闲、吃饭、外出等各种日常活动。

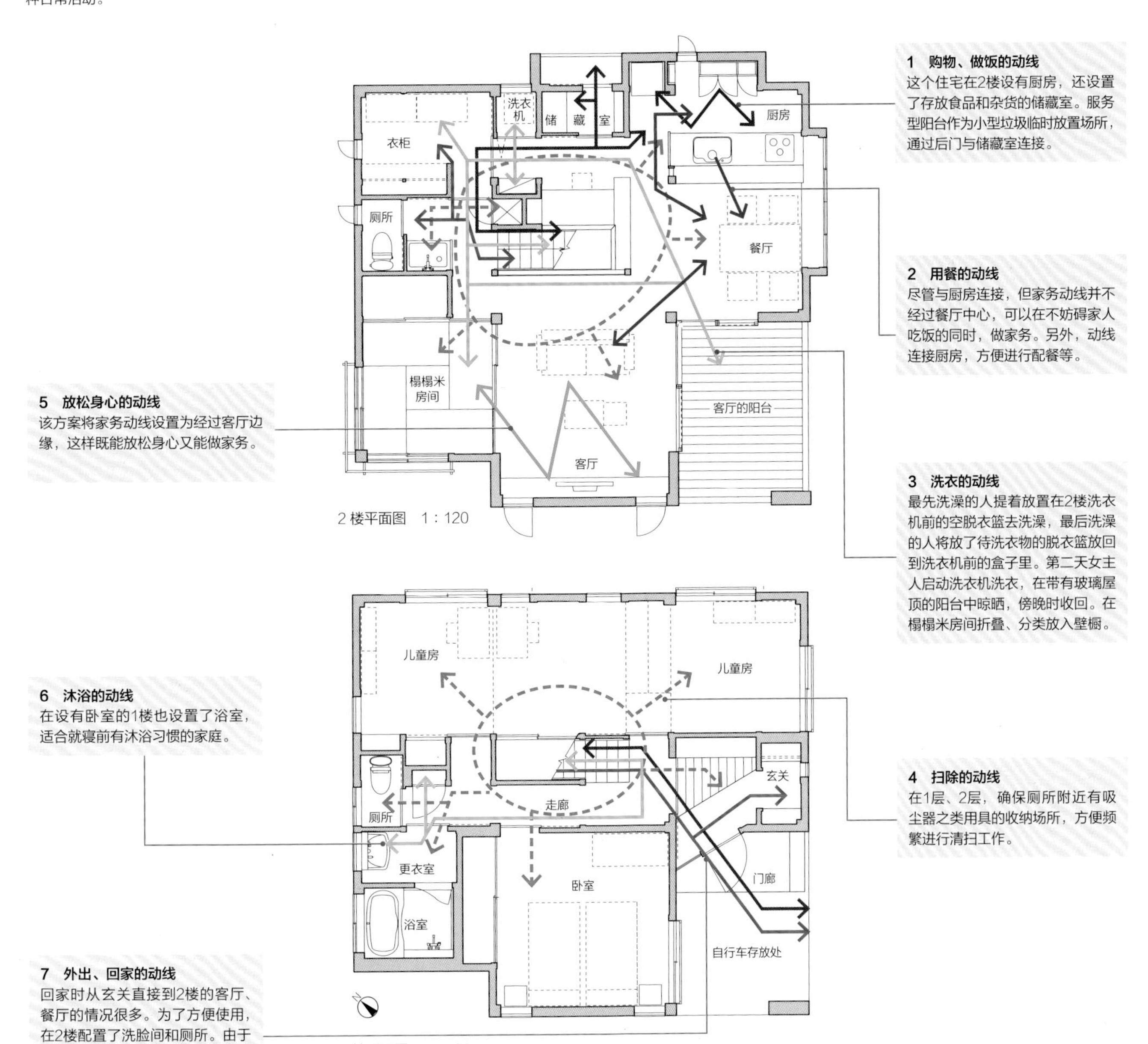

1 购物、做饭的动线
这个住宅在2楼设有厨房，还设置了存放食品和杂货的储藏室。服务型阳台作为小型垃圾临时放置场所，通过后门与储藏室连接。

2 用餐的动线
尽管与厨房连接，但家务动线并不经过餐厅中心，可以在不妨碍家人吃饭的同时，做家务。另外，动线连接厨房，方便进行配餐等。

3 洗衣的动线
最先洗澡的人提着放置在2楼洗衣机前的空脱衣篮去洗澡，最后洗澡的人将放了待洗衣物的脱衣篮放回到洗衣机前的盒子里。第二天女主人启动洗衣机洗衣，在带有玻璃屋顶的阳台中晾晒，傍晚时收回。在榻榻米房间折叠、分类放入壁橱。

4 扫除的动线
在1层、2层，确保厕所附近有吸尘器之类用具的收纳场所，方便频繁进行清扫工作。

5 放松身心的动线
该方案将家务动线设置为经过客厅边缘，这样既能放松身心又能做家务。

6 沐浴的动线
在设有卧室的1楼也设置了浴室，适合就寝前有沐浴习惯的家庭。

7 外出、回家的动线
回家时从玄关直接到2楼的客厅、餐厅的情况很多。为了方便使用，在2楼配置了洗脸间和厕所。由于出门前的更衣和打扮在家庭共用的2楼壁橱间完成，所以设置了与楼梯相连的洗脸间。

通过榻榻米的张数来决定榻榻米空间的设计

和室等榻榻米空间，根据榻榻米张数多少（面积大小），用途和配置会有很大变化。在这里从面积这一点说明如何将榻榻米空间纳入方案。

解说：胜见纪子

最适合榻榻米角落的大小

最适合客厅、餐厅、卧室等角落榻榻米空间的大小。在用途上，可以作为午睡空间、放置小桌子的办公角落、叠衣场所、高于地板的长椅角落等。可以在紧凑型住宅中采用，只是作为独立单间会比较狭窄。

2张榻榻米

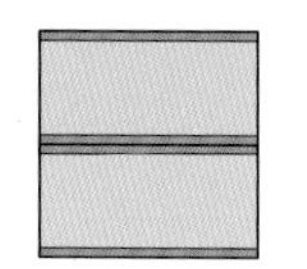

- 孩子的卧室
- 作为地板上设置移动式壁龛的方法
- 由于狭小，无法用于睡觉

3张榻榻米

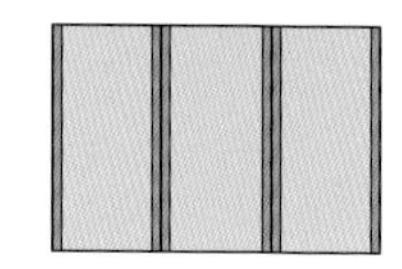

- 单人卧室
- 放置矮桌后可以面对面坐人的最小宽度

3张榻榻米＋地板

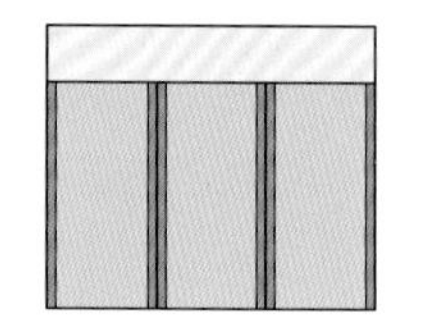

- 双人卧室
- 放置矮桌后可以面对面坐人的最小宽度

4张榻榻米＋地板

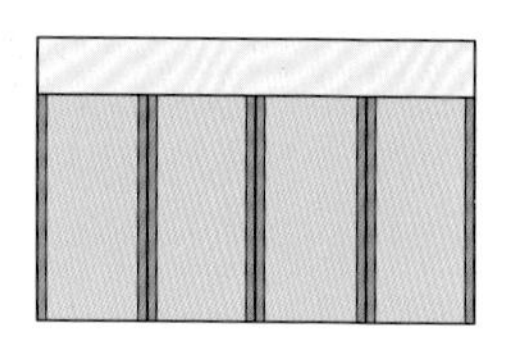

- 双人卧室（紧凑一些的话可以容纳三人）
- 可以作为独立的单间
- 放置矮桌后可以舒适地面对面坐着

4.5~8
张榻榻米

最适合的单间和室宽度

如果单独作为和室使用，这是最合适的大小。根据榻榻米的张数，各种用途的“和室”，通过配置壁龛、书架、佛龛等，也有可能被设置成正式客厅。但是，它又是生活的主要场所，因此，必须设置壁橱和储藏箱等收纳空间。

4.5张榻榻米

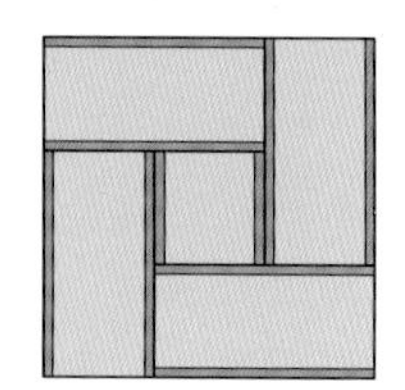

- 双人卧室
- 放置矮桌的小茶室
- 接待室（最多接待4人）

6张榻榻米

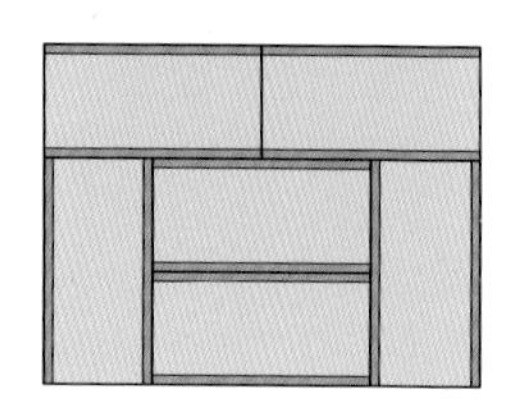

- 双人卧室
- 榻榻米客厅和餐厅
- 和室最常用的大小
- 有多种用途

8张榻榻米

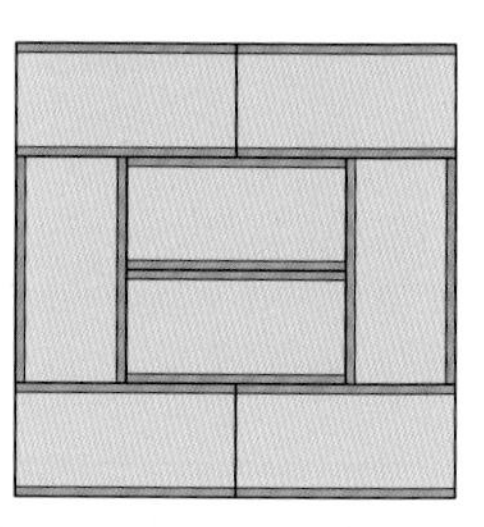

- 3人卧室
- 榻榻米客厅和餐厅
- 最适合正式客厅的宽度
- 想要设置6叠大的和室和连续房间的话，基本需要8张榻榻米

可以自由开合的和室

榻榻米房间比地板高出35 cm。平常像长椅一样，与LD合为一体使用。关上隔扇就可以作为宾客的卧室，但主要还是与LD合为一体使用。4张隔扇能全部收纳进壁橱旁边的防雨窗套中，4叠大的门可以不被遮住完全打开。

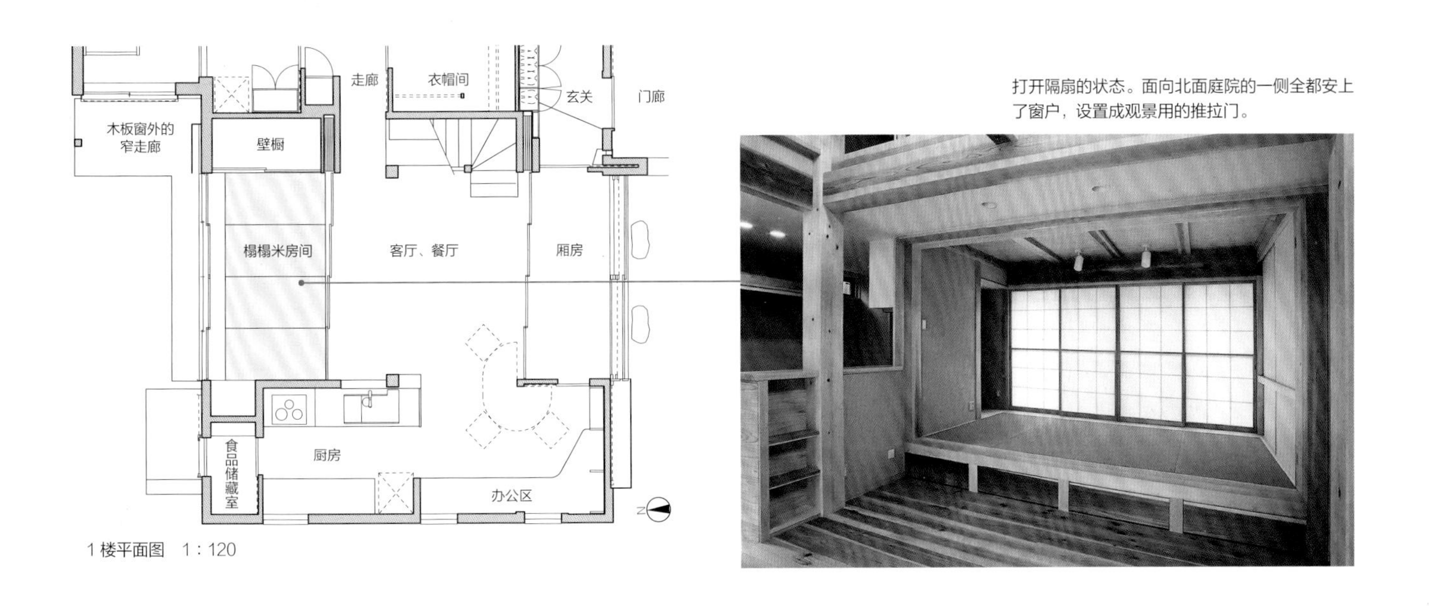

1楼平面图　1：120

打开隔扇的状态。面向北面庭院的一侧全都安上了窗户，设置成观景用的推拉门。

不是“和室”而是铺着榻榻米的客厅

14叠大的LD中，榻榻米房间铺了6张榻榻米，与地板的高度差也是35 cm。餐桌的支脚长度不一样，家人可坐在椅子或地板上围着餐桌。它也确保了来自厨房一侧动线的宽敞，空间利用率很高。

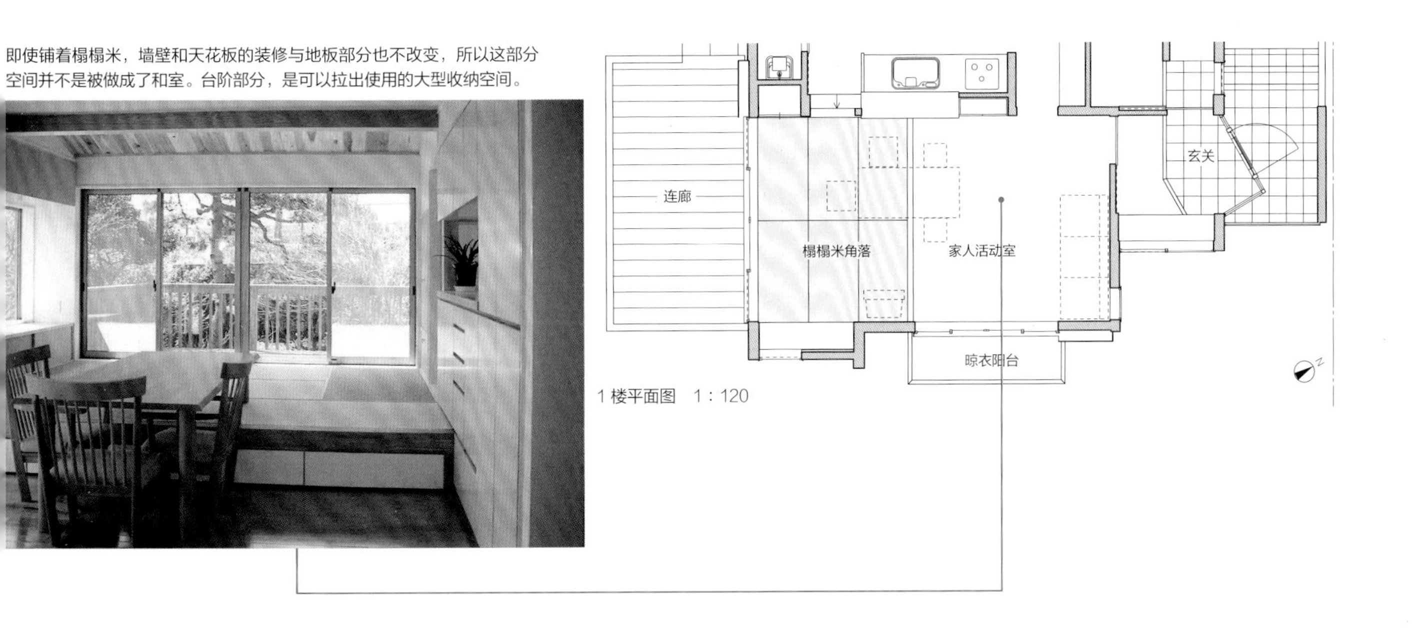

即使铺着榻榻米，墙壁和天花板的装修与地板部分也不改变，所以这部分空间并不是被做成了和室。台阶部分，是可以拉出使用的大型收纳空间。

1楼平面图　1：120

便于整理！收纳空间的设计方案

大衣柜、储藏室等人可以进入内部储藏东西的小房间收纳空间，如果计划合理的话，对于业主来说，使用非常方便。在这里，说明一下小房间收纳的配置，以及面积和尺寸的要点。

解说：胜见纪子

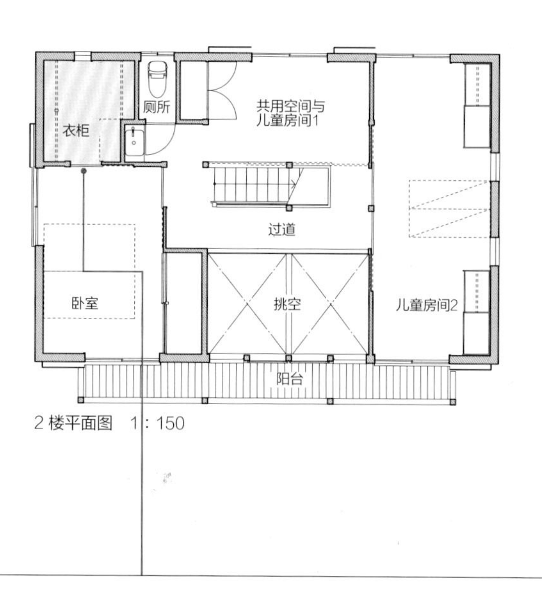

2 楼平面图　1：150

小房间收纳空间

1 大壁橱

整理收纳衣服，也可以更衣的收纳空间

[有关配置的想法]

在方案中，与卧室相邻的设施很多，整理收纳家人衣物时，不放到单间，而是放置到能从走廊等共用空间进出的位置。

[面积、尺寸]

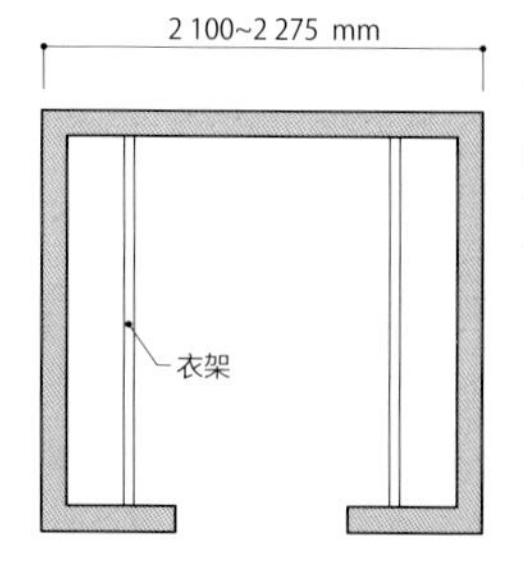

两侧均为悬挂衣物的衣架结构

宽度为挂在衣架上的衣服的宽度乘以2，并且保证留下足够的中间过道和更衣空间，以墙壁中心计算的话2 100 ~ 2 275 mm最好。这个宽度即使增大的话，也不会增加收纳量。

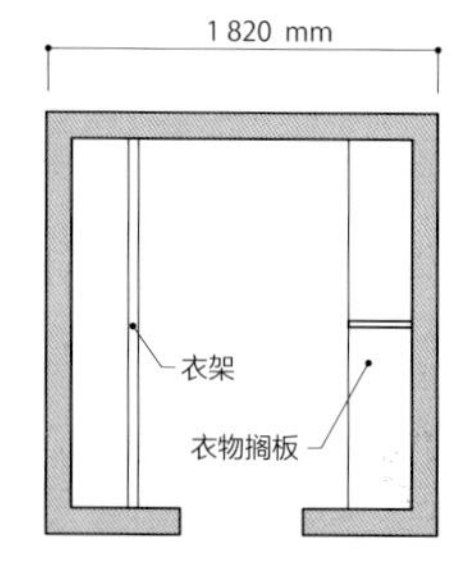

一侧悬挂衣物、另一侧为收纳衣物的搁板结构

收纳衣物搁板的深度最少是1 820 mm。在纵深方向，长度越大的话收纳量也会越大。此方案设置为2 275 mm。

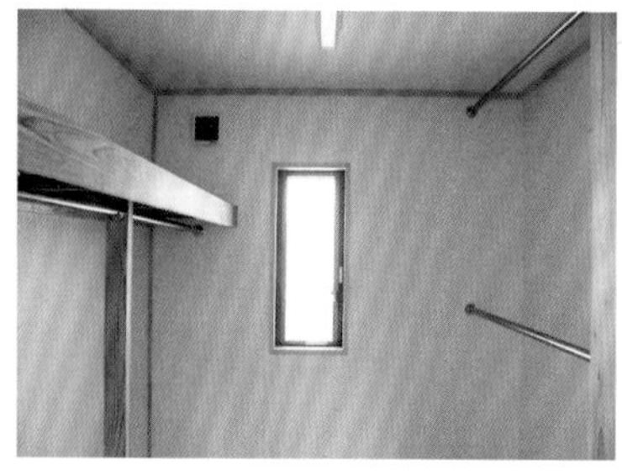

如左侧图，配合衣架用的管子，只在比挂衣管高的部分上设置固定架，最好不要设置小尺寸的可移动架板和安装构架上的架子。根据需要，放置市面上的抽屉式衣物箱的话，使用方便的同时成本也低。

适合全体家庭成员的收纳空间推算方法

收纳空间并不是越多越好。收纳空间多固然很好，但容易因此堆积本应丢弃的物品。关于收纳空间最合适的大小，依据笔者过去亲身参与的案例所推算出的数值和经验法则得出以下结论。

小房间型收纳

使用面积的
8%~ 10%

人可以进入内部取出物品的小房间型收纳空间，包含了房间内的通道部分，因此，实际放置物品的面积只能达到1/2 ~ 2/3。

箱子型收纳

使用面积的
7%~ 12%

收纳空间是刚到腰部的柜子，还是高到天花板的，收纳量一定有所不同，这里仅用水平投影面积表示。

在这一页介绍的方案中，小房间型收纳占10%，箱子型收纳占10%，合计20%的收纳空间。如果能设置这么多的话，几乎不需要使用放置型收纳家具等，就可收纳家里所有东西。

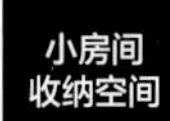

2 服务型门廊

玄关门廊与庭院分开设置，其可以作为处理家务的室外空间

[有关配置的想法]

用来处理家务的室外空间。后门设置在出口附近，能顺畅地走到院子外，也方便倒垃圾。设置屋顶的话，不仅使用起来格外便利，也不会弄湿放置物品。

[面积、尺寸]

1.5~2叠大的面积，就可以被高效利用起来。

如图所示，土间地面用混凝土铺设，方便冲洗地面污垢等。也可以设置室外水槽。

小房间
收纳空间

3 食品储藏室

放置食品的小屋子。不仅能收纳食品，也能收纳各式各样的东西

[有关配置的想法]

从方便使用的角度讲，储藏室有通往室外的后门比较好。厨房和餐厅设置在进出方便的位置也很重要。日照太强的话不利于食品保存，所以放在北侧最好。

[面积、尺寸]

有1叠大的地方，就能安设。这种情况下，基本上就可以将所有地面设置成土间，不过，面积充足的情况下，如果有铺板子的壁龛和土间一起配合使用的话会更加方便。

如左图所示，在墙边从墙脚到天花板附近，设置了20~30 cm进深的小架子。也可用市场购买的钢架等代替。另外，食品放置场所要注意通风。附带通风孔的后门和百叶窗则设置到另一面。

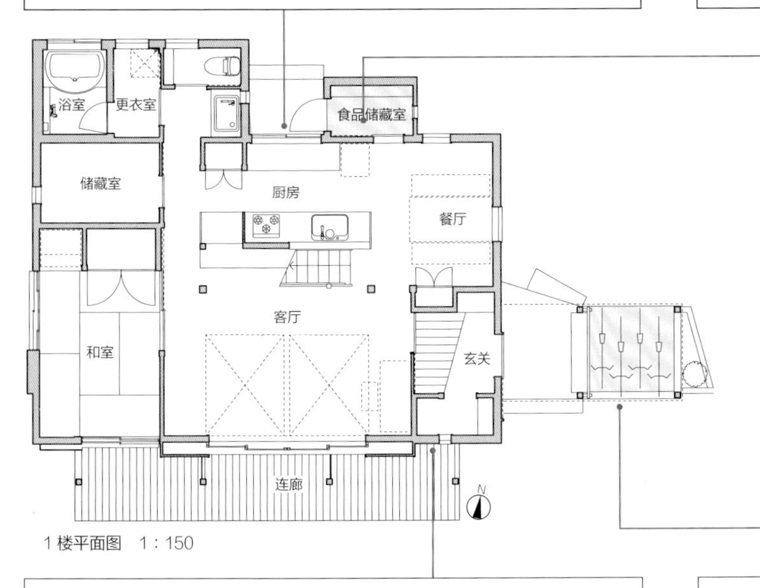

1 楼平面图　1：150

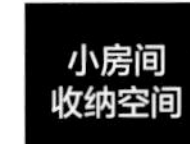

4 外物收纳

收纳庭院用具、汽车相关物品、业余木工工具、户外相关物品等

[有关配置的想法]

利用成品钢制库房的情况很多，如果设置车库的话，那么物品可以收纳在车库墙壁处，这样就不会浪费空间。如果在玄关门廊和服务型门廊的局部做建筑工程，外观会变得很好看。

[面积、尺寸]

设计成步入式收纳室的话至少需要1.5叠的面积。在很深的架子前后放置东西，是很难操作的，因此，设置了狭窄的通道，在通道两侧设置了能放置物品的结构。如果设计成盒子风格的话，那么墙壁中心的进深为600~750 mm比较适当。

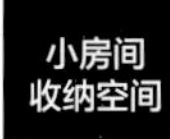

6 鞋帽间

收纳除鞋以外，从外面带回的其他零碎东西

[有关配置的想法]

设置在从玄关的土间部分就能进出的位置。面积充足的话，设置部分壁龛，并与室内动线配合，更能提高利用率。

[面积、尺寸]

用1叠以上的空间进行规划。放置大衣的话，则在一侧的墙上与视线齐高处安装衣架管，并在其上安装固定架。另一侧设置深度小的可移动鞋架，做成10格左右。

因为在玄关土间的狭小空间里设置推门的话会不方便，所以使用拉门比较好。在这里没有设置门，以布质挂毯代替。另外，架子下面不用挂毯，可作为儿童玩具和湿鞋子的放置处。

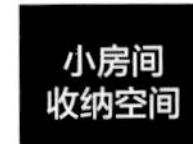

5 自行车停放处

最近不设置遮雨檐的案例也有很多

[有关配置的想法]

虽然有很多人不会对自行车停放处进行特别设置，但临时放置自行车在外观上不太雅观。另外，淋雨可能会导致自行车损坏。虽然可以直接使用成品停放处，但考虑到外观，设置在玄关附近或与建筑合为一体会更加美观。

[面积、尺寸]

假设需要放置4辆自行车，深度和宽度均为2 m最好。

这里门廊屋顶直接从房顶延伸下来，成为4辆自行车的放置处。

将楼梯分为『背部楼梯』和『客厅楼梯』使用

以前往往在玄关大厅的旁边设置楼梯，但现在一般在LDK中设置楼梯。在这里对两种楼梯的设计方式进行说明。

解说：胜见纪子

样式1 作为家中“主角”的客厅楼梯

因为在LDK中能看到其他家人的动向，所以客厅楼梯很受欢迎。将其配置在客厅，可以使室内装饰更加好看。

优点

- 营造出1楼和2楼的一体感
- 家人可以感受到彼此存在

缺点

- 1楼客厅的温暖空气会流向2楼
- 楼梯下部空间作为置物处使用起来不太方便
- 总能听到上下楼梯的声音，看到人来回走动

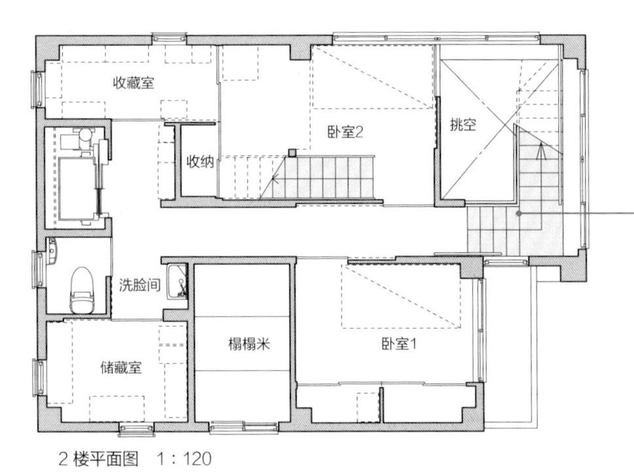

2楼平面图　1：120

从楼梯平台处进出南侧车库上的阳台，这里与通向单间的走廊相连。另外，打开单间的拉门可以看见挑空和楼梯。

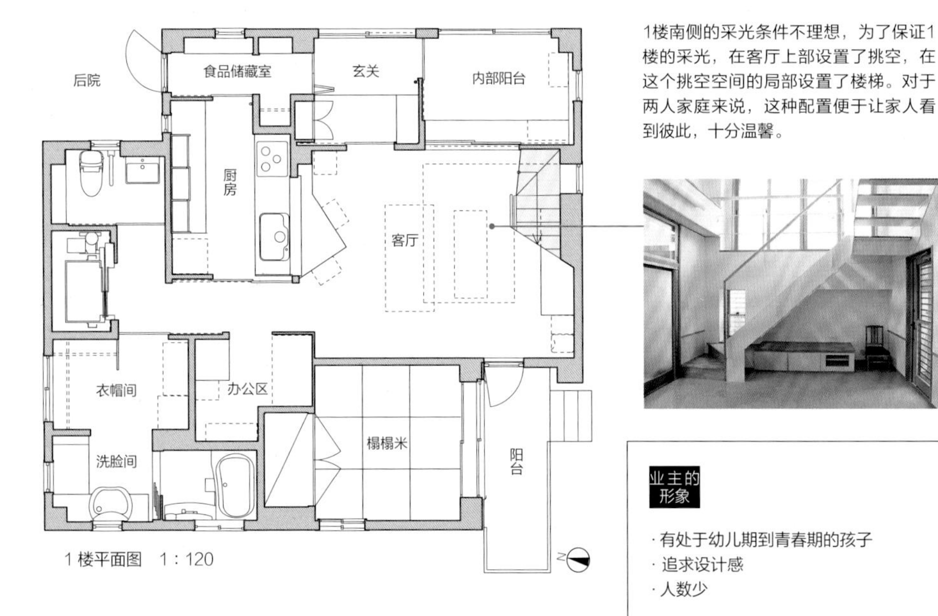

1楼平面图　1：120

1楼南侧的采光条件不理想，为了保证1楼的采光，在客厅上部设置了挑空，在这个挑空空间的局部设置了楼梯。对于两人家庭来说，这种配置便于让家人看到彼此，十分温馨。

业主的形象

- 有处于幼儿期到青春期的孩子
- 追求设计感
- 人数少

样式2 重视安静和动线的背部楼梯

上下楼梯过程中发出的声音对在其他空间的家人来说非常嘈杂。对于想在客厅、餐厅安静地放松身心的家庭，楼梯最好设置在别的地方。这种时候，可以在客厅背后设置“背部楼梯”。

优点
· 很难听到上下楼梯的声音，不会影响LD的安静
· 不需要打造得很显眼，制作成本低

缺点
· 无法知道家人上下楼的情况
· 会让人觉得被墙壁包围着，产生狭窄之感

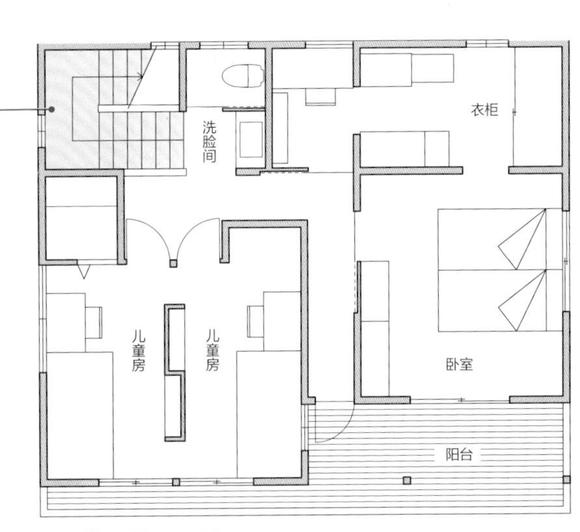

2 楼平面图 1：120

离开客厅、餐厅之后，可以从放置洗浴设施和家务桌子的区域上来，考虑从2楼卧室去1楼洗澡的便利性和向2楼阳台搬运待洗衣物的动线，从而采用了这种布局。在楼梯下弹奏钢琴时，为了减弱声音对2楼的影响，楼梯口处设置了拉门。

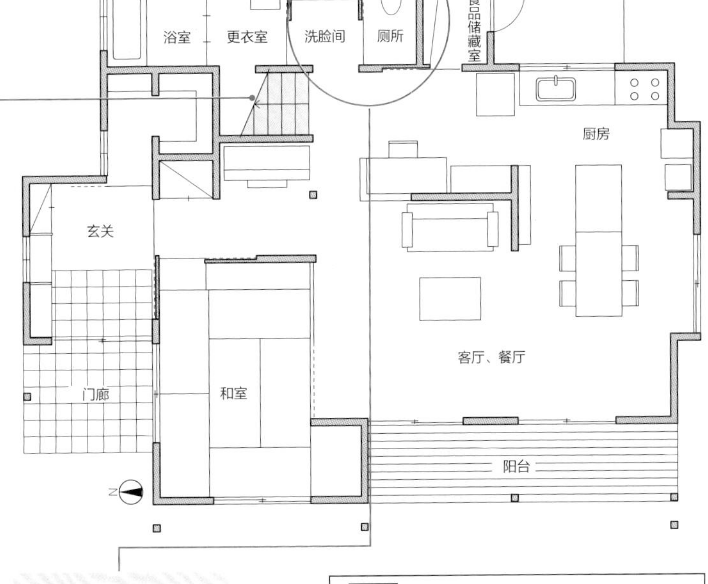

1 楼平面图 1：120

位于2楼西北角，与能到达各卧室和阳台的走廊相连。由于没有加入楼梯平台，楼梯宽度更大，所以上下楼都很轻松。

可以在此进行入浴、洗涤、打扮等，家人往来2楼与1楼之间的活动大多与洗浴设施相关。楼梯自然要设置在方便洗浴的位置

业主的形象
· 没有处于幼儿期到青春期的孩子
· 人数多
· 做家务、进行外出前的准备动作非常便利

让城市住宅更舒适的设计方法

在充分讨论地基条件等的基础上，拟订方案。在这里，依次说明设计方案需要确认的事项。

解说：胜见纪子

从3个方面考虑的设计方案

仅仅因为没有阳光就改变设计方案的话，以后可能会妨碍业主生活。方案采用与否，要依据以下3点进行判断。

优点

- 1楼很少受附近建筑物阴影的影响，采光条件良好
- 充分利用屋檐倾斜的形状设计倾斜天花板，并设置开放式客厅
- 路上的人很难看到室内，方便保护隐私
- LDK和洗浴设施都设置在2楼，可以低成本建造1楼、2楼

缺点

- 从LDK不能直接到院子
- 购物后，食品等不易搬运
- 每次来客人时，都要到楼下去，比较麻烦
- 儿童房设在1楼的话，难以了解孩子回家、外出的情况
- 上了年纪行动不便时，上下楼梯比较辛苦

业主情况

- 整天在家或在家的时间很长
- 重视采光
- 比起与邻居交谈，更重视与家人的团聚
- 离晚年还有许多时日

→ **充分讨论优点、缺点、业主情况和业主自己的想法，然后做出决定**

步骤2 做出日影图

除优点、缺点、业主情况之外，为了掌握建筑物的实际日照环境，在利用日影图充分了解日照情况的基础上，做出最后决定。

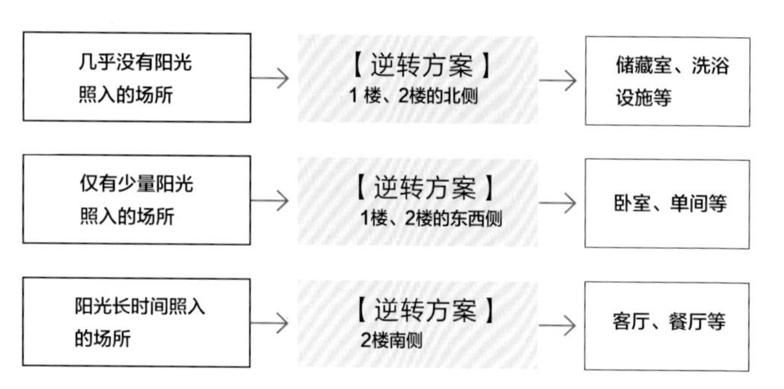

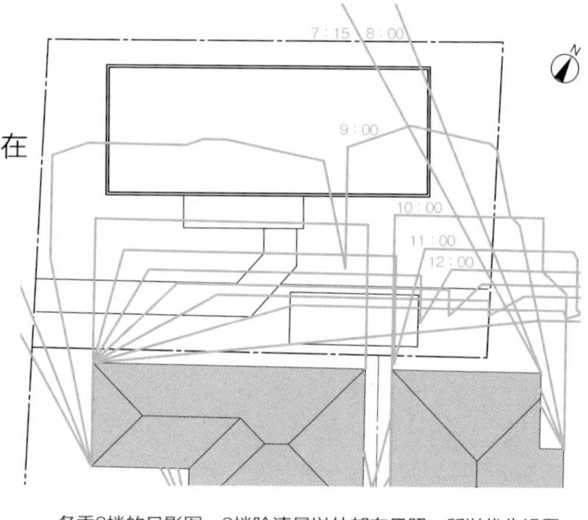

冬季2楼的日影图。2楼除清晨以外都有日照，所以优先设置客厅等。1楼大半时间没有阳光照入，所以设置了卧室等单间。

法则 逆转方案设置房间格局时的七大法则

在逆转方案考虑房间格局时至少掌握如下要点，需尽可能涵盖所有要点。

法则1 为了与室外空间连接，要在阳台等方面下功夫

法则2 确保为所购食品设置存储库

法则3 临时垃圾放在2楼

法则4 要留意玄关、楼梯、2楼厨房、洗浴设施的动线

法则5 为了方便接待客人，对玄关进行一定程度的划分

法则6 留出楼梯升降机所占的空间等，并设想上年纪之后上下楼梯的方法

法则7 设置充分利用屋顶的倾斜天花板，需要注意屋顶刚性容易不够

步骤3 根据方案设计的实例

设计方案的要点在于将2楼作为生活中心，并解决由此产生的问题。本节用实例来说明解决问题的关键点。

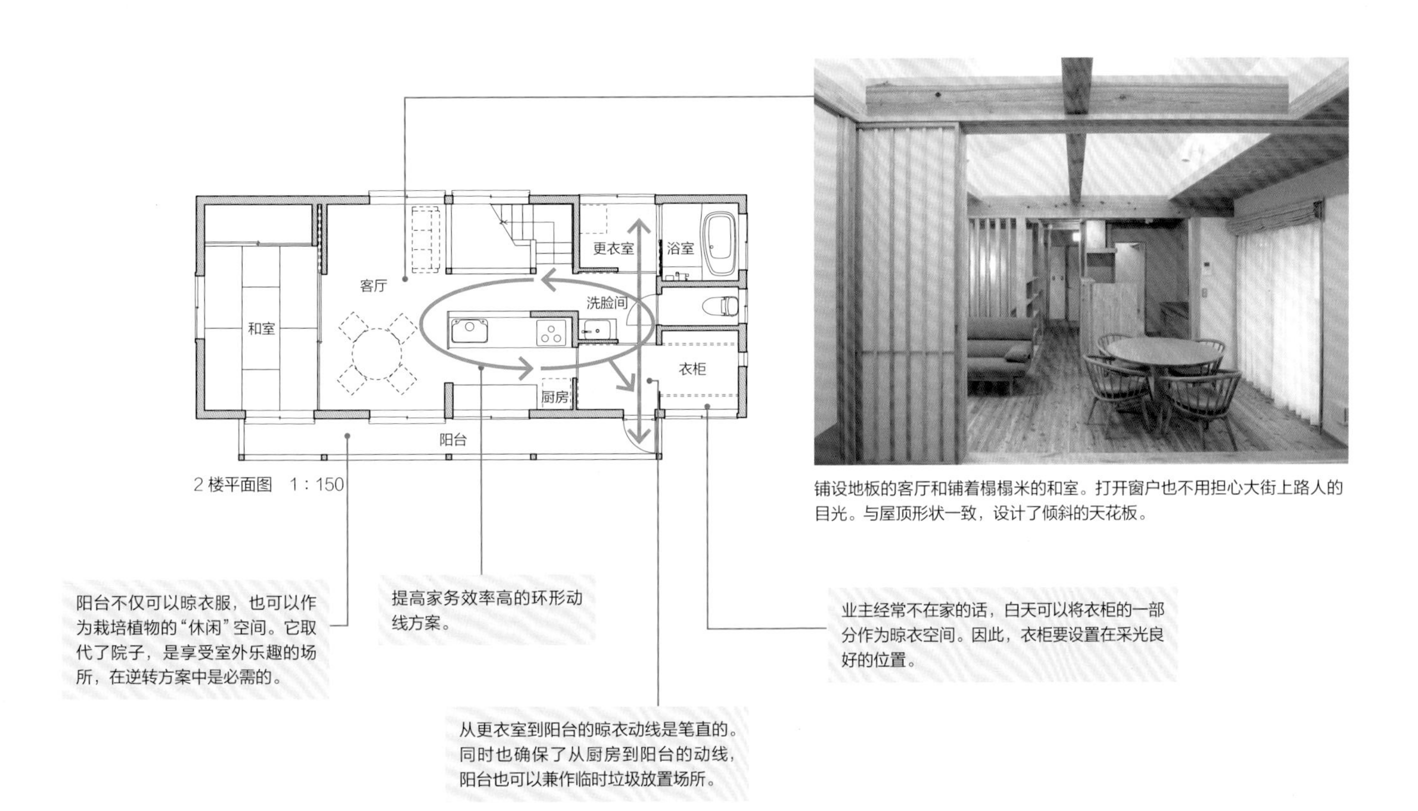

铺设地板的客厅和铺着榻榻米的和室。打开窗户也不用担心大街上路人的目光。与屋顶形状一致，设计了倾斜的天花板。

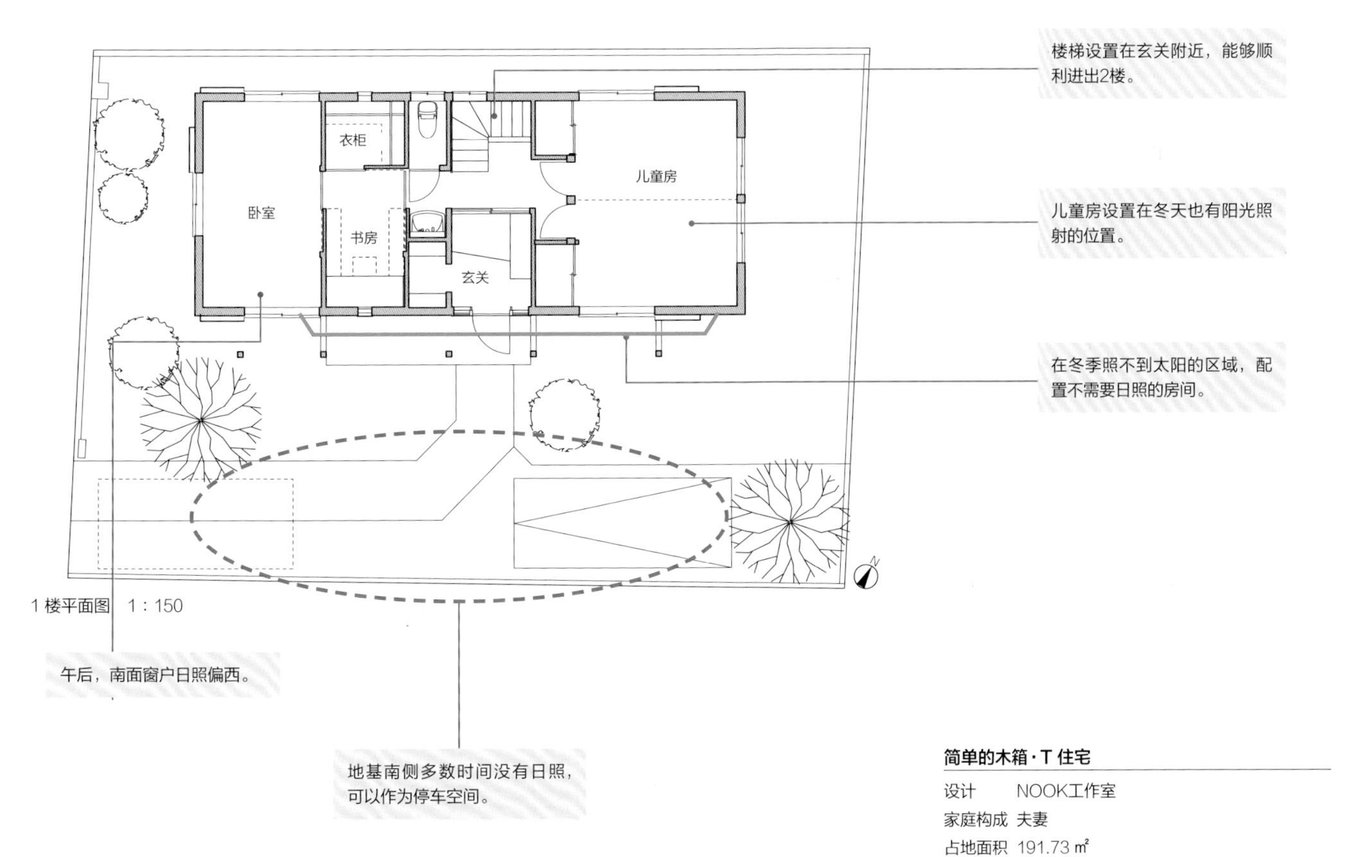

简单的木箱·T 住宅

设计　NOOK工作室
家庭构成　夫妻
占地面积　191.73 m²
使用面积　106.86 m²（1 楼：53.71 m²；2 楼：53.15 m²）

从用地条件考虑建筑物格局和形状的规则

不考虑用地形状和用地所处的环境而设计的住宅，是不便于居住、不合理的住宅。在这里，把建筑物格局和形状的相关理论分为7点进行说明。

解说：胜见纪子

规则1 从道路的位置方面考虑建筑格局

原则是建筑物东西向要长，并且靠近用地北侧。但是，根据道路位置不同，靠近停车场等道路一侧也很重要，必须在建筑物的形状和格局上下功夫。根据情况，不仅要探讨单纯的平面规划，而且有必要探讨底层架构等截面形状的方案对策。

南侧道路

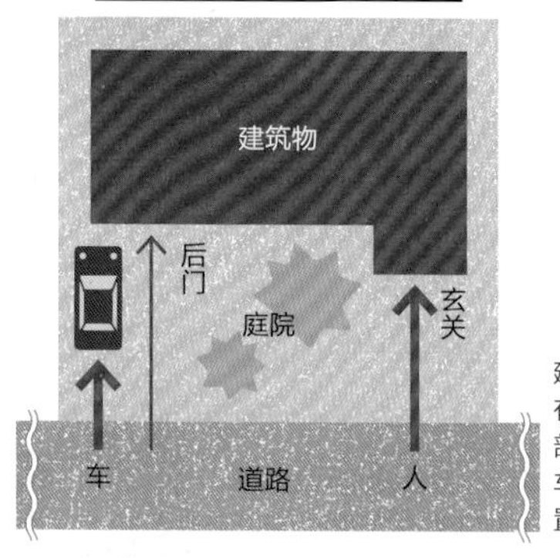

建筑物靠近南侧，确保建筑前方有大片空地，停车空间靠近空地部分的东侧或西侧。在人行道和车行道分开的情况下，把院子设置在没有被分割的地方。

北侧道路

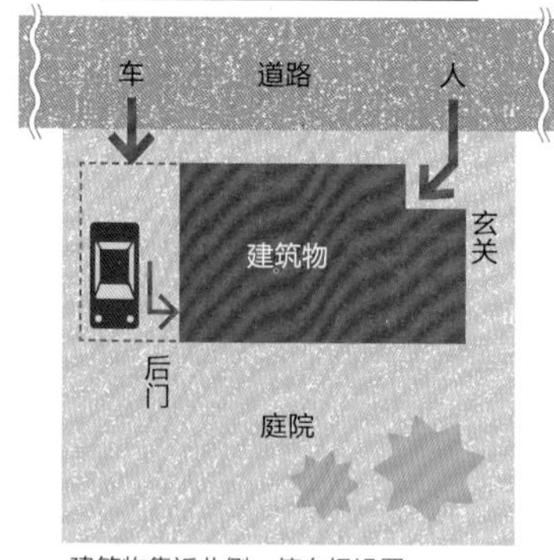

建筑物靠近北侧，停车场设置在东侧或西侧。在人行道和车行道分开的情况下，可设置如上图的后门。将建筑物底层架空，设置成停车场也行。

东侧或西侧道路

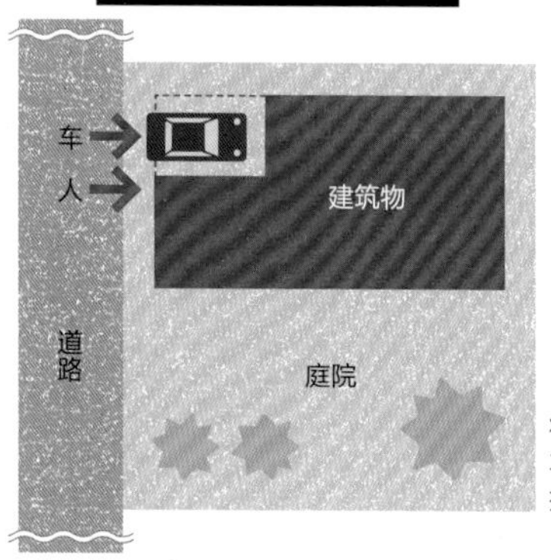

将建筑物底层架空，设置成停车场，这样建筑物不用向南侧扩展，进而可以扩大庭院。

规则2 建筑物的形状要与日照条件相对应

对于狭小矩形用地上的低成本住宅建筑，虽然只能设计成矩形，但如果占地稍稍有些富余的话，可以根据诸多条件选择最合适的建筑物形状。特别是日照条件不太好的用地，可以采用下面的方法来解决。

矩形建筑物

由南侧相邻住宅所造成的阴影

这是结构上稳定、单位地板面积成本低的方案。但是，建筑物外观略显单调，必须在设计上下功夫。另外，如果用地日照条件差的话，受到南侧建筑的影响，所有房间的日照条件也会变差。

L形建筑物

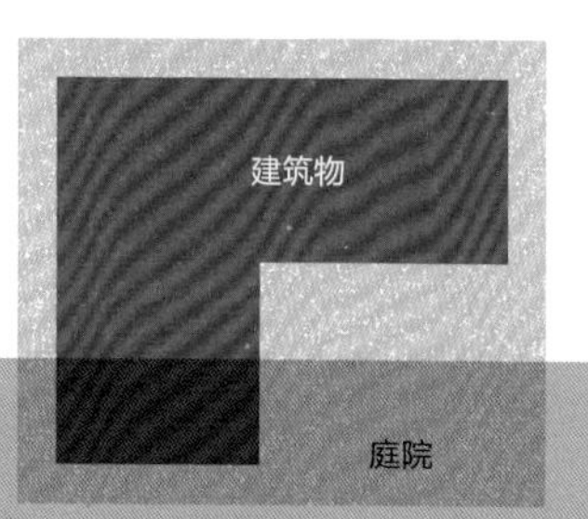

将建筑物的一部分向后移的话，可以带来很多变化，特别是在院子的外观上。另外，对于日照条件差的用地，可以通过后移房间等来确保日照时间。构造上也比较稳定，但屋顶会出现低凹处，这将成为防水上的薄弱环节。

钥匙形建筑物

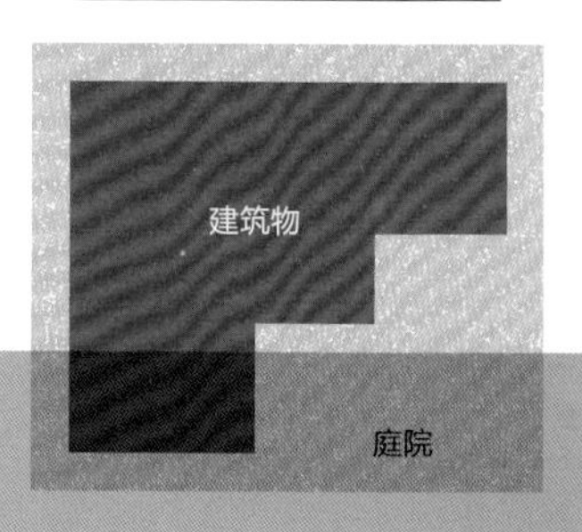

设置很多立面的话，虽然会赋予房间格局很多变化，但结构上会存在若干不稳定因素，也提高了单位地板面积成本。由于屋顶形状变得复杂，还需要注意防水施工。即使用地日照条件差，如果能使建筑物的形状顺着太阳移动的方向，那么也可以得到长时间的日照。

规则 3 根据道路宽度和交通量确定建筑物的形状

根据道路宽度推算出的道路斜线限定了建筑物高度[1]。另外，要根据道路宽度和交通量等，来确定车辆进出的位置和角度。交通量大的时候，要注意窗户位置和面积。

为了满足出门方便以及可以停下两台车的要求，停车空间被相应地缩减。因此，建筑物需靠近南边布置。

根据地基内部以及与周边道路的高差，确定建筑物的形状

道路与地基的高差和地基内的高差会影响道路长度和建筑物形状。另外，与相邻的土地之间存在高差的话，需计算设计用地内由相邻建筑造成的投影或者给相邻土地造成的投影面积等。

标准地基高度比道路高出4 cm的地基。通向玄关的楼梯台阶平面，要有足够宽度。连廊在靠路侧没有下降，设置了兼作扶手的围屏。

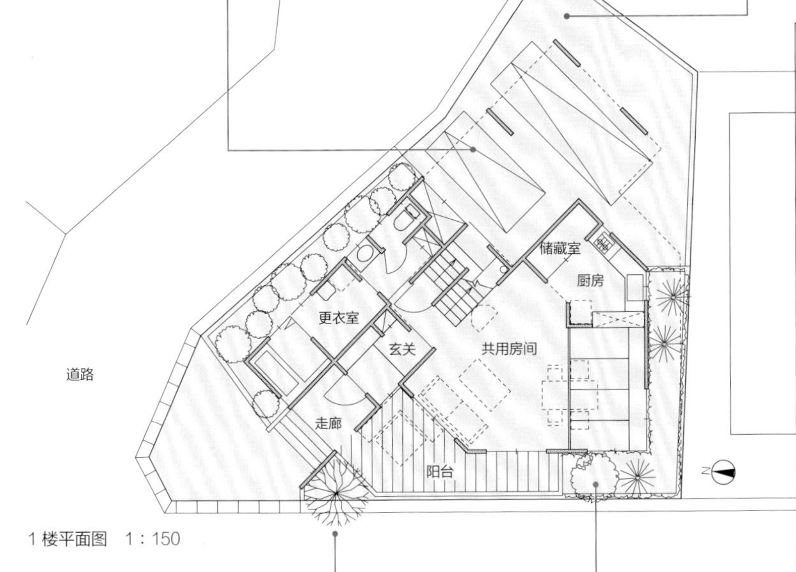

1 楼平面图　1：150

规则 5 根据相邻建筑物确定窗户的位置

当有相邻建筑物时，为了保护彼此的隐私，窗户设计要避开彼此的视线。相邻的大型垃圾收集处等碰到一起时，用高侧窗和接地窗来遮挡对面的视线。规划阳台时，要在私密性和设计位置等方面下功夫。

1楼的西南窗设置在不受相邻建筑投影影响的位置。2楼旋转45°，避免了与邻居面对面。

有效利用用地内外的树木

用地内外的树木，能在遮阳、遮挡视线和营造景观等方面发挥作用，但也有可能妨碍采光。再对于在地基内的树木，考虑建筑的房间格局等方面时应进行有效配置，如果进一步考虑用地外树木的影响大小再进行规划的话那么会更全面。

从围墙的高度、材质方面考虑建筑物和窗的位置

邻家围墙的高度、材质，会影响到建筑由内到外、由外到内的视觉效果，也会影响到日照、通风效果。因此，在确定墙壁设置、房间方向、窗户方向和高度时应考虑到上述这些。

1　日本《建筑基本法》中为保证道路的通风与采光对临街建筑进行的高度限制依据。

设计便于老年人和残疾人生活的格局

老年人和残疾人需要家人照顾，舒适的格局对其至关重要。老年人和残疾人居住的空间，格局要做到『无障碍』。这里介绍方便轮椅出入的格局。

解说：阿部一雄（阿部建设公司）

方便轮椅自由出入的玄关

设计原则：健康生活，方便出入。

在有家人照顾的时候，残疾人会考虑到家人的辛苦，基本不会外出。设计时应该要以残疾人能够独立出入，自由出入为宗旨。

要点1
轮椅的种类和使用方法

除了常见的手动轮椅，还有电动轮椅。根据轮椅的尺寸，需要对其移动所需的必要空间进行修改。根据外用和内用两种不同情况也有可能配置两台轮椅。

▶ 轮椅和步行器的存放空间

要点2
无须借助外力也可自由升降

玄关处如果空间充足，可设置无需他人帮助即可使用的平缓楼梯。如果有外力帮助，也可设置安装简单的暂时性升降机。升降机设置的原则是不要让人因上下楼而感到疲劳。

▶ 推荐一个人就可以操作的家用升降机

要点3
便于穿鞋、脱鞋和换鞋

轮椅使用者也要穿鞋、脱鞋和换鞋。鞋子摆在地上的话，轮椅使用者穿鞋、脱鞋和换鞋会很费力，所以最好有方便乘坐轮椅者穿鞋、脱鞋和换鞋的壁橱。而且，玄关处要有轮椅和步行器的存放空间。

▶ 壁挂式鞋柜，下面设置存放轮椅的空间

要点4
巧妙设置防滑设施

轮椅和步行器被雨水淋湿后，使用时有打滑、摔倒等危险。要在地面铺设防滑性能好的材质。同时避免让雨水渗入屋顶和房檐。

▶ 推荐铺设花砖地毯，便于更换且能让轮胎的污渍快速脱落

要点5
到玄关的路径要宽敞平稳

房间到玄关的移动路径不要设计高度差，同时要考虑幅度。为保证轮椅可以自由改变方向，至少要留有直径为140 cm的圆形空间。

▶ 卧室设置在玄关附近，这样会很方便

Ⓐ 洋房般的和室

和室的榻榻米用复式地板代替。隔扇变为拉门，地板与客厅相连。以小橱柜代替抽屉，看护器具和衣物等生活用品可由本人自己存取。

Y住宅翻修工作

设计、施工　阿部建设公司
家庭构成　夫妇(丈夫是残疾人)+1个孩子
总面积　106.1 ㎡

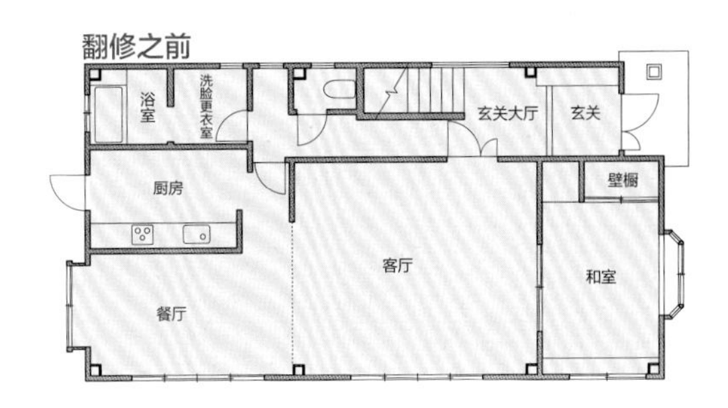

Ⓑ 专为轮椅使用者出入设置的玄关

约7 ㎡大，专为轮椅使用者设置的玄关，留有内外用轮椅、步行器、拐杖、看护器，以及鞋子、上衣的存放空间。而且，为了预防升降机夹到孩子，在房檐凸出的地方安装了能够从两侧开关的锁，防患于未然。手指不便时，也可用自动门(卡片钥匙)开关。

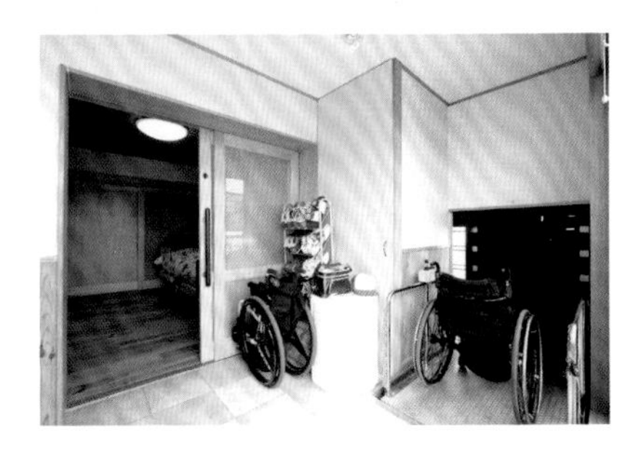

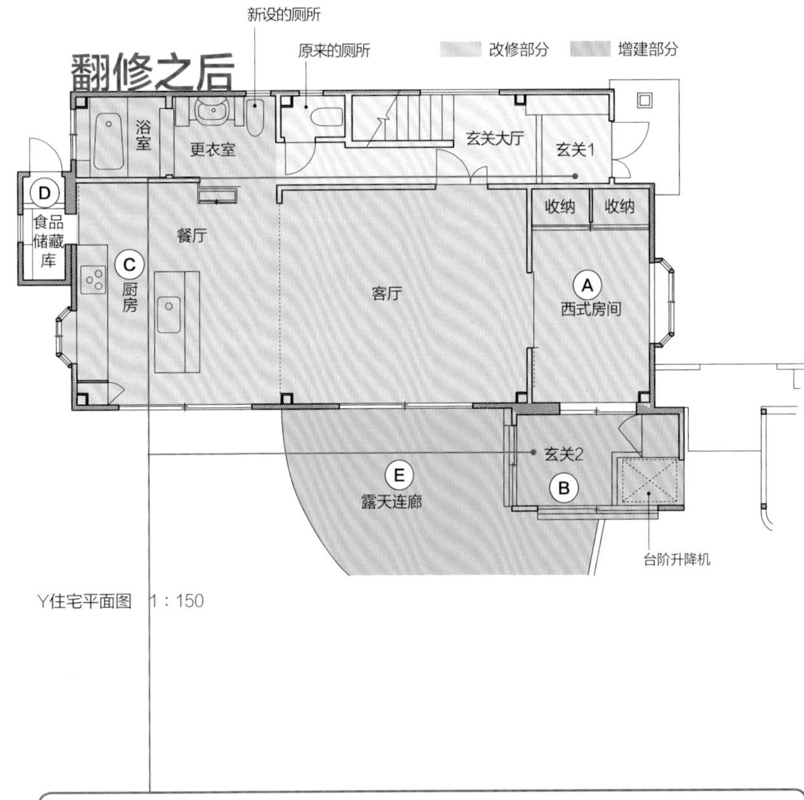

Y住宅平面图　1：150

Ⓒ 环岛型厨房，便于移动

改造前的厨房与餐厅相隔，是"走不过去"的格局。改造后，把厨房设置为"环岛型"，便于出入。开放的洗涤池让坐在轮椅上的人也可在此清洗蔬菜、水果和衣物。

Ⓓ 轮椅路线和家务路线的"两立"

为了让轮椅移动路径畅通无阻，不要在地板上放置架子和物品。增设的食品储藏室可以用来放置多余食物。再设置一个新厕所用来容纳原来无处安放的洗衣机，还可以从后门运送食品和垃圾，家务路线也会变短，正所谓"一石二鸟"。

Ⓔ 空间大小不能随意

乘坐轮椅，不方便出入庭院。在这里设置了一个连廊，从庭院出来便会豁然开朗。轮椅的回转空间为直径140 cm以上的圆形。宽阔连廊在发生火灾等紧急情况时，也可以成为避难处。

推荐方案！

设置2个玄关

在Y住宅，为了方便全家人出入设有2个玄关，一个专为轮椅使用者出入设置，另一个供其他家庭成员使用。专为轮椅使用者出入设置的玄关设有升降机，不需要家人帮助，残疾人也可以方便地出入家门。借助升降机上楼后，有换乘室内轮椅的空间，从这里可以直接移动到卧室(西式房间)。通道设有屋顶，能避免被雨水淋湿。同时，出入口不要太暗，房顶安装强化玻璃，采光充足。夜晚使用人体感应器进行照明，提高空间的安全系数。

方便生活的浴室、厕所

新设在Y住宅化妆更衣室内的厕所和可移动式电动浴池。

老年人和残疾人的住宅中，浴室、厕所是最令设计者头疼的场所。只有空间够大，才能设置多种辅助设备。但大多数情况空间有限，而且考虑到老年人和残疾人的身体状况，还必须权衡一些可变性因素。

要点1
排便花费的时间

通常情况下，老年人和残疾人排便花费的时间比较多，有时时间较长，这会导致其他家庭成员无法使用厕所，而且老年人和残疾人排便时需要使用特殊的排便装置。应该充分考虑这些情况。

▶ 多功能厕所虽好，但最好有2个厕所

要点2
厕所的规模

应该为残疾人保留直径140 cm以上的圆形空间。电动轮椅需要的面积更大，规划时要确认好轮椅的大小。出入口最好设置成拉门式的。

▶ 方便护工使用的洗脸间也可配置厕所

要点3
盥洗台的使用

盥洗台下如果设置矮柜，乘坐轮椅的人就够不到水龙头，无法使用。而且，由于老年人和残疾人经常使用，所以盥洗台的台盆最好设置为容量大的（10 L左右）。

▶ 盥洗台下如果不设置矮柜，乘坐轮椅也可以轻松使用

要点4
洗澡的方法

带电动换乘台的专用浴缸占地约4.95 ㎡。只有空间宽敞，才有可能实现自由格局，如设置弯腰台等。很多情况下空间是有限的，使用很不方便

▶ 空间有限时，将浴槽作为换坐凳，这样效果最好

要点5
出入口的高度差和装饰

浴室的出入口基本是拉门式的，设有斜面。换衣处的地板，推荐使用防滑、防污的轮椅轮胎。更衣室和浴室中设有防止热休克的空调。

▶ 位置最近的浴缸被设置在平坦地板上，没有高度差，最好装配暖气

要点6
扶手的设置

扶手会被频繁使用，需要高水平的设置技巧。而且，根据使用者年龄和自理能力的不同，需要变换不同位置。以后也可增大底层宽度。

▶ 增大底层宽度，充分考虑一些可变性因素

注：第034至037 页所述的内容，仅仅是举例说明，根据残障人士的具体情况和身体状况，需要采取不同的应对措施。

针对老年人和残疾人的友好型格局

A 90° 旋转的浴槽

为了能使轮椅安全移动到浴槽，对浴槽进行了90° 旋转。由于成本和面积限制，无法使用有换乘台的浴槽。因此，把浴槽作为换乘台，采用公寓改装的专用浴槽。浴室出入口均是平坦的，即使不设置斜坡也可以直接进入。

B 兼有扶手功能的花洒杆

为了能够坐在换乘台上洗澡和洗头，安装了洗澡水栓。节水型喷头可操作性强且便于使用。洗浴钩兼有扶手功能，洗澡和洗头的同时，还可以保证安全。这种花洒杆的安全性能高，乘坐轮椅的残疾人不易摔倒。

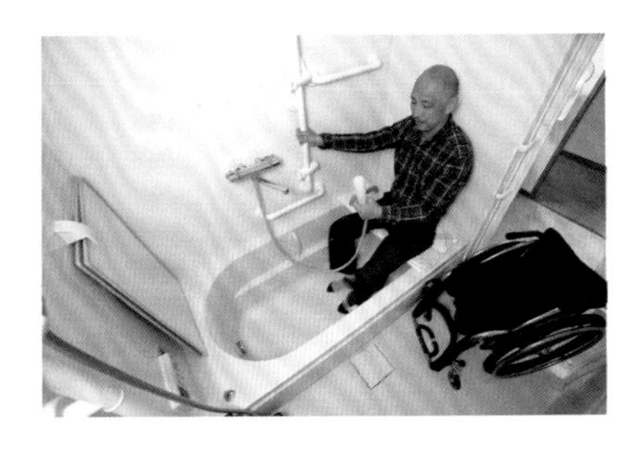

C 与医疗人员交换意见

将北侧洋房的一部分用作厕所。K先生为左撇子，将排便时的必备用品放置于左侧。在建造过程中，设计者与医疗人员交换意见，将新设厕所的扶手进行了改造。扶手位置可根据一些可变性因素进行位置调整，上、下方向均可进行微调。

D 厕所的水池

新设厕所里有老年人和残疾人专用水池。这里配备了淋浴头和各种卫生用品，对于老年人和残疾人来说易于操作。起初，老年人和残疾人对在住宅中设计两个厕所非常不理解，经过设计者的耐心解释，他们终于理解了其必要性。

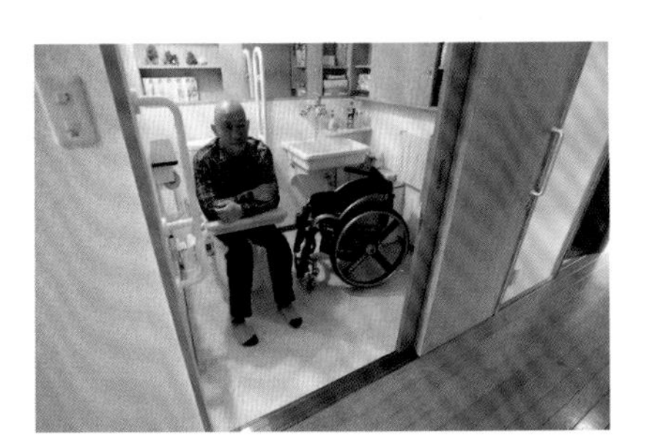

K住宅改建工程

设计、施工　阿部建设公司
家庭构成　双亲+K先生本人
总面积　115.8 m²

设计者对因交通事故损伤脊髓而在轮椅上生活的K先生的住宅进行了无障碍式改建。住宅是公寓式的，地板不会造成任何障碍，客厅和走廊的面积也足够大。改建的难点是用水场所。不能施工的主体部分和不能拆的承重壁、柱、梁等，这些如何处理，成为设计难点。

重要！ 室内温度条件的改善

老年人和残疾人对水温的变化不敏感，为此伤到身体并不奇怪。比如下肢麻痹的残疾人，下肢感受不到温度，哪怕地板附近的温度过低，他们也感觉不到。等到身体发冷的时候，可能已经发热了。老年人也会如此。因此，有必要设置能够减小室内空间和生活设施之间温度差的装置，预防由发热引发的热休克。

改建之前

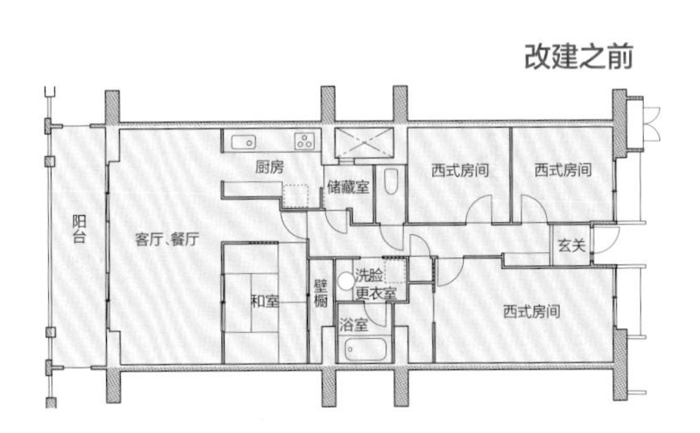

改建之后

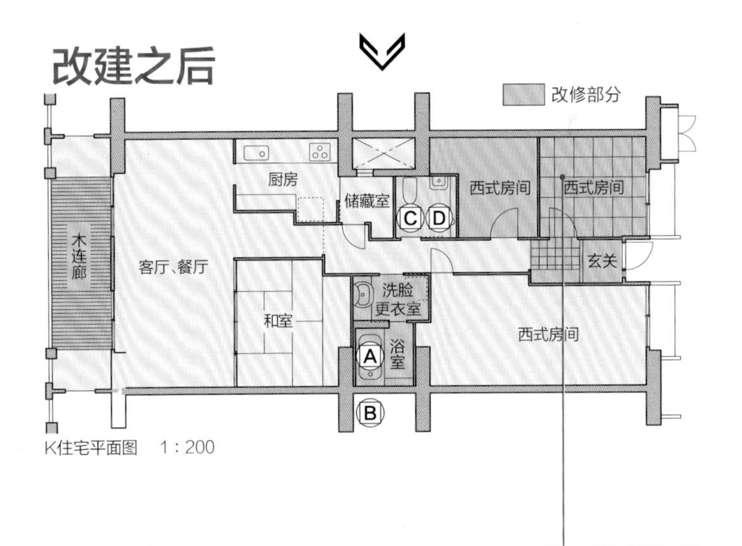

K住宅平面图　1：200

推荐方案！
地板上铺设地毯

进入玄关后，右侧是K先生本人的房间。问题是，从玄关进入房间时是否有轮椅的旋转空间（至少是直径140 cm的圆形）。幸运的是，大体上能保留这部分空间。部分玄关地板与房间地板铺设了50 cm×50 cm的地毯。地毯弄脏时更换方便，外用轮椅携带的垃圾和灰尘可以被地毯清除，进入房间后换乘内用轮椅。

用窗帘将隐私和公共空间隔开

这里介绍了用窗帘柔和分隔空间的方法，它不像使用墙壁那样效果明确，也不像使用门窗那样价格高昂。

以窗帘分隔空间

案例1东京都S住宅

单人房　单人房　单人房

外廊　阳台

2楼

平面图　1：150

案例2千叶县S住宅

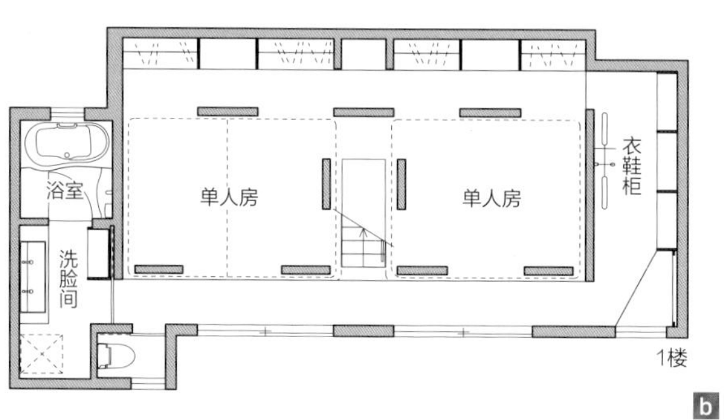

平面图　1：150

案例3北浦和的家

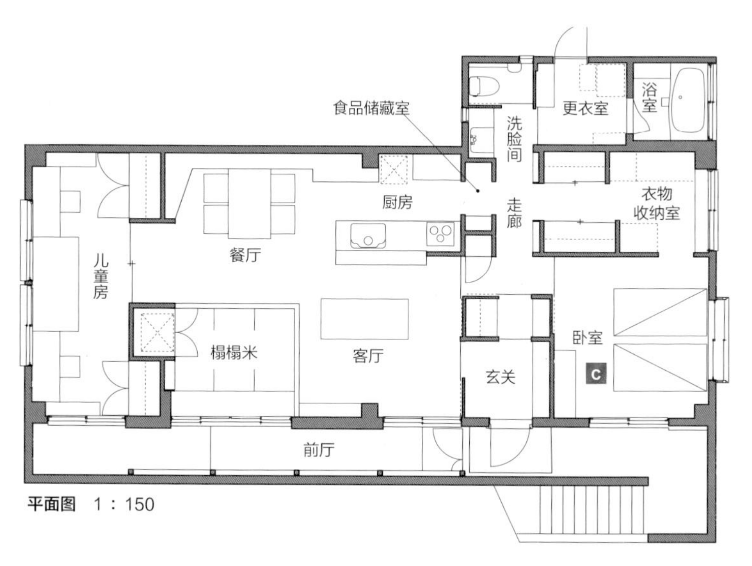

平面图　1：150

案例1：FREEDOM ARCHITECTS 设计事务所
案例2：NOOK 工作室

2

通过网格设计学习格局的设计

想要设计出完美的格局，网格设计是不可欠缺的技能。
本章对能设计出各种规格住宅的网格设计者——
秋山东一先生的设计手法进行解说，
此外还介绍了实践网格设计的建筑工程公司——千岁HOME。

用秋山手法来考虑格局

我觉得作为设计师，需要靠自己钻研设计手法，积累经验。不过每一个设计方案中都会有一些通用的手法。

解说：秋山东一

1 决定主题

设计方案的条件各有不同，客户也有各种各样的需求，此外还有预算、用地以及相关法律等各种附加条件。正确把握这些，并在决定优先顺序之后，就要考虑必须做什么，必须向客户提供什么，也就是先考虑住宅的主题，然后再考虑具体的设计。

2 观察用地

用地条件千差万别，有大的、有小的、有细长形的土地，也有三角形、梯形、L形和旗杆地等各类不规则形状的土地。日照条件、相邻街道、周边环境等也各不相同，再加上有关容积率、建筑比率、道路斜线、北侧斜线和防火规范等标准，清楚用地的性质，分析其中有什么样的可能性至关重要。

3 车和树木的配置

在决定家里配置的时候，最重要的就是考虑车和树木的配置。除了一部分城市的特殊限制以外，车是住宅建筑里必须要考虑到的物品。这是用地设计中占地面积最大的东西，并且不能随意放置，必须要设置在面对道路、容易进出的位置。树木和绿植容易被忽视，但却是构成外部结构的重要部分，需要预先考虑。考虑好这些配置后，建筑的位置也就自然而然地决定好了。

4

设置式样

这里所说的式样是格局的式样。格局有固定的样式，但也有人认为“格局取决于业主的人数”，没有那么多的组合。根据决定好的模数考虑合理的格局，格局就被限定在几个式样里。从中选出多个具有通用性的式样，将主屋这一核心主体和与之配套的侧屋组合起来，确定平面图即可。最早从Volks Haus[1]开始流行的2层式样，也在新的Volks Haus N设计方式中进化成了1.5层。

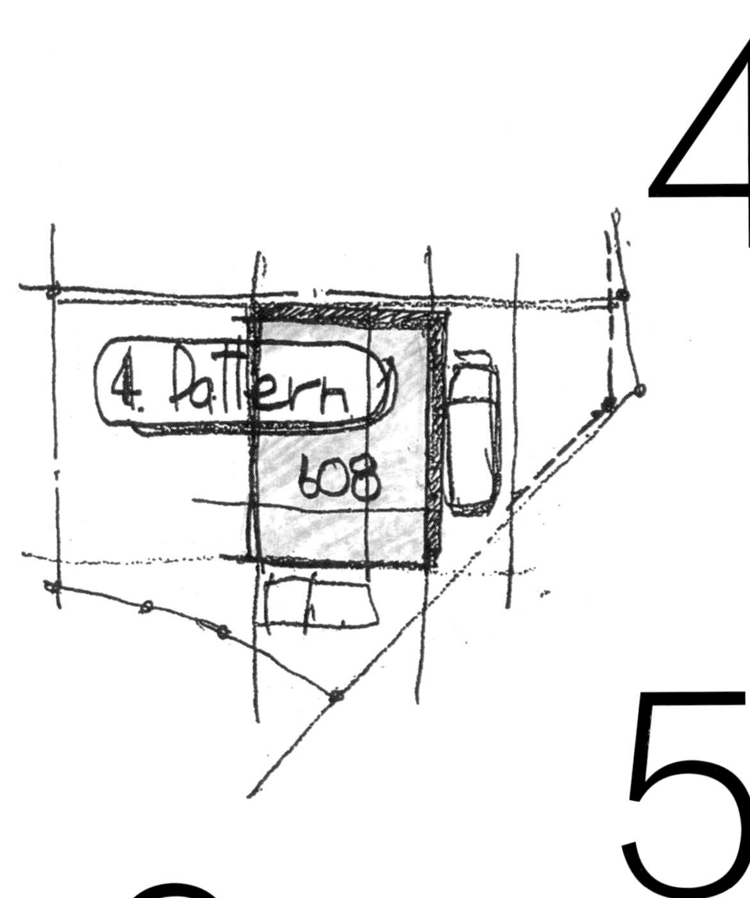

5

进行模拟

验证通过设置主屋和侧屋来决定的这种格局是否合适，必要时做相应调整。这是一项重新考虑各项条件，对格局进行调整的工作，也是一项将格局和用地融为一体的工作。如果主屋和侧屋大小、位置都配置得比较合适，调整点就会很少。如果变更点很多，说明最初选择的主屋格局可能本来就不太适合。像这样调整好的格局，今后也可以作为式样使用。这些积累都关系到设计能力的提高。

6

“罄、嗵、响”的重要性

至此还没有将设计方法完全讲完。我把之前的方法称作“罄、嗵、响”。这是三味线（日本的一种弦乐器）的用语，在这里可以理解为“节奏”。思考平面图的美感和线条间的连接、交叉，以及空间设计的合理性和连续性等，将平面和空间有节奏地展开，然后再进行设计。此外还有“练习”的意思。对项目方案要进行反复思考，并进行无数次模拟。也就是说，要在反复的练习中逐渐掌握、领会设计技巧。

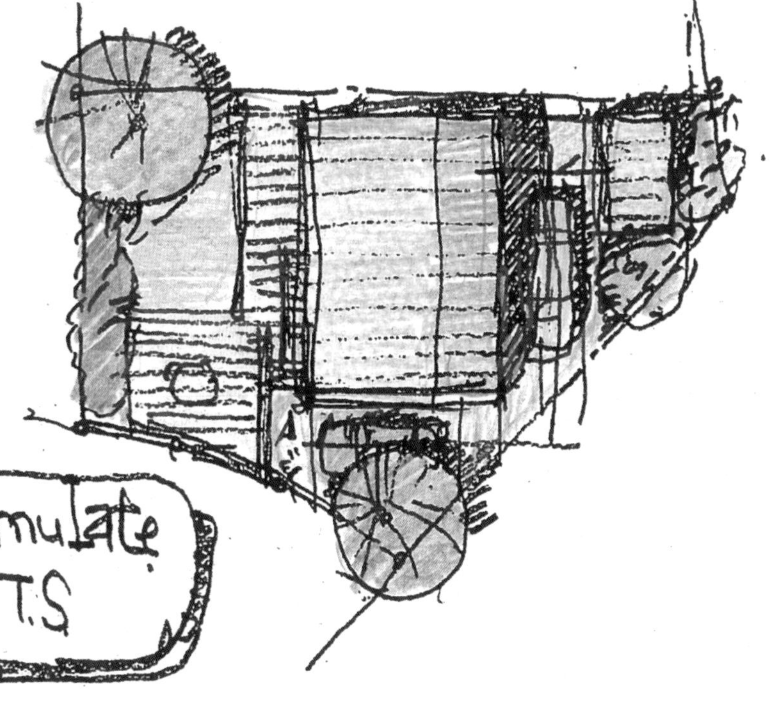

1　人民之家（Volks Haus），日本建筑设计师秋山东一提出的一种标准化住宅设计方式。设计师会向客户提供多达40余种主屋格局，由客户进行挑选。确定主屋格局后，再由客户自由选择添加何种侧屋。通过这种方式，可以让客户快速决定家的格局。此外，这种设计方式还有造价成本低，便于维护等特点。

模数和网格是大原则

模数和网格是设计的基础。日本的很多住宅都是以910 mm的模数建成的。另一方面，『Volks Haus』最先使用的米模数如今也作为最基本的模数固定下来。

解说：秋山东一

以米为单位的模数设计符合现在日本人的身高体格，成了最适合的标尺。例如，在无障碍式住宅中设计轮椅和扶手时，如果以尺为单位的模数设计就非常麻烦，但是如果用米模数，设计就方便很多。另外，尺模数系统中，用于出入的门窗高度按照如今的风格要做成2 000 mm以上，这就导致平面模数的平衡被破坏，成了纵长的立面，不太美观。但是有了米模数，门的立面平衡就没有问题。

除了地区固有的模数之外，还有很多特殊的模数，不应该局限于使用其中一个，要灵活运用各种模数。米模数在某种抽象意义上具有的“米”的尺度也有不合理的时候，而以人身体尺寸为标准的尺模数和英尺、英寸也有合理的时候。也就是说，根据米模数来决定建筑构造，根据尺模数来决定内部工程，灵活运用两种模数的双重模数思考方式实用性更强。每当这时，我认为对于设计者来说最重要的就是选择适合的模数并持续使用，通过实际操作来掌握要领。

网格是将基本的尺寸（模数）在平面或者立体结构中以格子的形式展开，但在高度上却不拘泥于模数（米）展开的一种设计方式。在实际规划时，一般是先决定基本的楼层高和内斜高，将这些作为标准分配到房间、走廊、柱子、承重墙和内外的开口等。其原则是平面要宽敞，高度要降低。

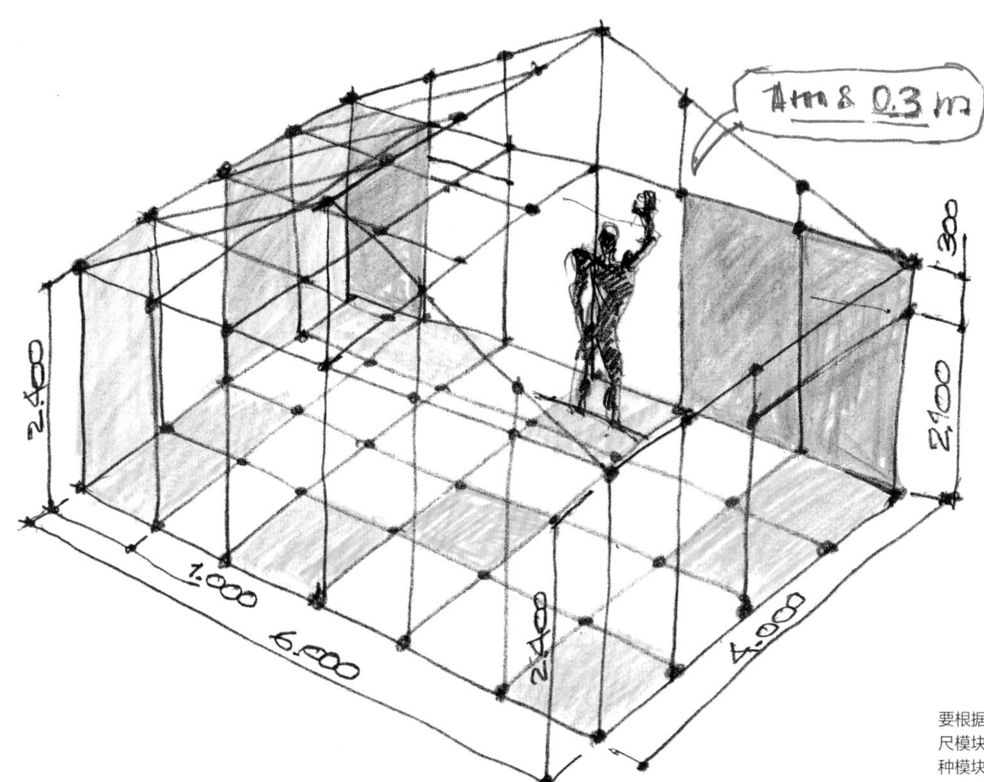

要根据米模数来决定建筑构造和根据尺模块来决定内部工程，灵活运用两种模块的双重思考方式。

最重要的是确定车库的位置

根据秋山手法，优先确定车（停车场、车库）的位置，本节讲述了应该如何进行具体配置。

解说：秋山东一

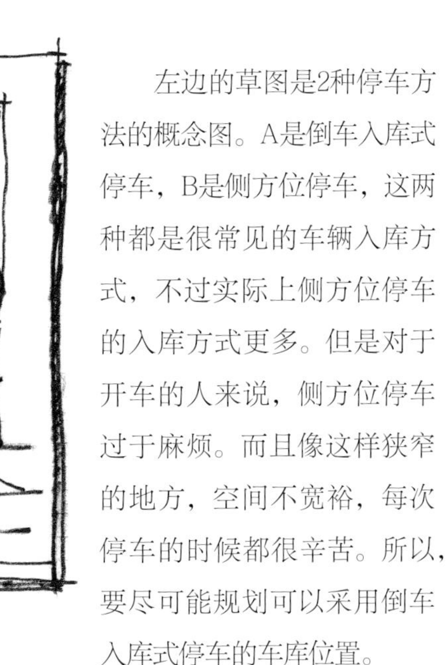

左边的草图是2种停车方法的概念图。A是倒车入库式停车，B是侧方位停车，这两种都是很常见的车辆入库方式，不过实际上侧方位停车的入库方式更多。但是对于开车的人来说，侧方位停车过于麻烦。而且像这样狭窄的地方，空间不宽裕，每次停车的时候都很辛苦。所以，要尽可能规划可以采用倒车入库式停车的车库位置。

A.

B.

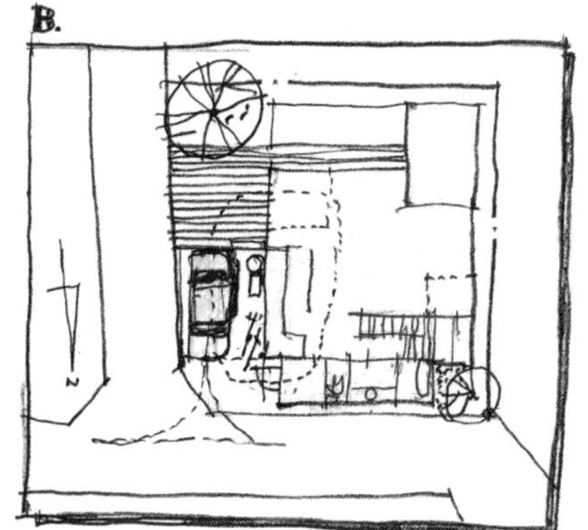

下面，我们再来进一步思考车库位置的配置方法。A、B两幅图展示了Volks Haus中真实的车库位置规划。角落处的东侧和北侧连接4 m长的道路，图A中1到4是可以建造车库的位置。1和2与北侧道路分别是垂直、平行的关系。但是北侧道路禁止通行，使用起来不方便。3可以作为停车的位置，但是东侧道路的宽度为4 m，车库必须要后缩，而且建筑物南侧的位置向阳，做成车库未免浪费了一块可以用作庭院的好地方，所以也不太合适。综上所述，与北侧道路呈垂直状态（与东侧道路平行）的特殊位置4被设置成了车库。这个位置作为车库方便进出，而且位于北侧，不需要遮挡日照，对用地的影响小。

图B是1楼实际的样子。确定了车库的位置后，自然就要确定住宅的格局。根据车库确定玄关的位置，并连接用水区域。然后在车库的南边设计庭院、连廊、树木和外部结构，而后设计室内的餐厅和厨房等。现在我们就清楚车库的位置对住宅格局的影响了。由此可见，车库的位置应该最先决定。

选择合适的主屋至关重要

在『Volks Haus』应用的初期时代，人们经常选用大型主屋，但是人们最多使用小主屋606（平面大小为6 m×6 m=36 m^2）的侧屋，并增加各种选项。这里举例说明与『Volks Haus』和最近的与『Volks Haus N』背景不一样的『MK 606』主屋。

解说：秋山东一

用秋山手法设计住宅的基本构成主要是主屋和侧屋。这一点从最初的“Volks Haus”开始，到最新的系统“Volks Haus N”都没有改变。主屋是房屋的核心，所以选择一个合适的主屋至关重要。最初的“Volks Haus”共2层，必要的要素——浴室、厕所、盥洗室、LDK、玄关和单人房等全部包含在内。通过选择主屋，首先完成住宅的格局设计，这就是“Volks Haus”的设计思路。

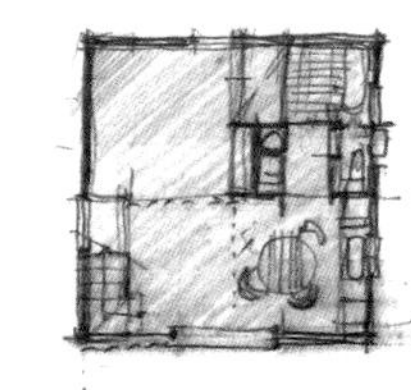
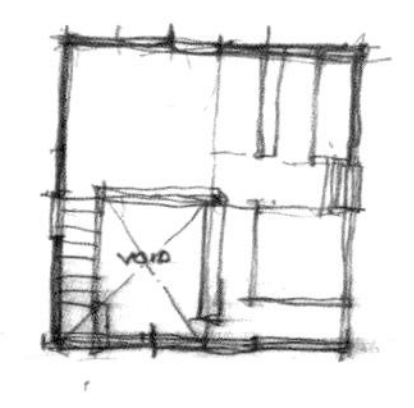

606 Volks Haus

“Volks Haus”典型的606，共2层，是增泽洵最小限度住宅的主屋。不需要侧屋也能使用。

当然，根据用地条件、家庭成员以及预算，需要的面积也会发生变化，所以还需要准备不同面积大小的主屋设计。比如，分为6 m×6 m（表示为“606”）和7 m×10 m（表示为“710”）的情况。如果是“606”，平面的大小就是6 m×6 m＝36 ㎡，那么如果有2层的话，总建筑面积就是72 ㎡。

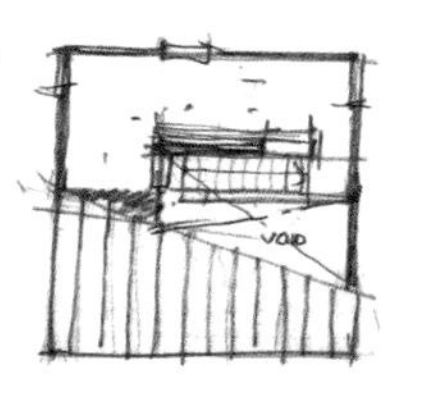

606 Volks Haus N

同样是“606”，但是“Volks Haus N”以1.5层为前提，将单坡屋顶和阁楼的构造放入侧屋。

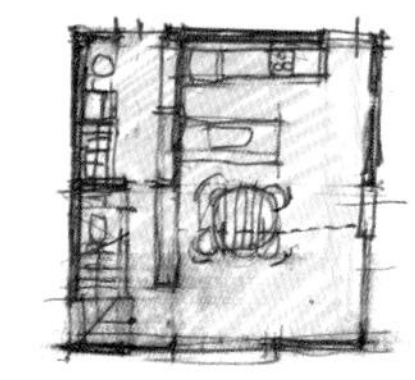
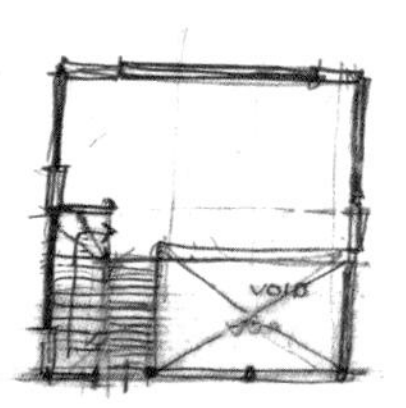

606 MK

“606MK”是与“Volks Haus”背景完全不同的住宅。同样是“606”，但构造固定化，三面都有侧屋。

此外，要从众多主屋设计中讨论各自必要条件与需求，选择面积合适的主屋。由于每一个主屋的设计方向和倾向都不一样，所以有必要与业主家人的意见和居住方式达成一致。

另外，如果在设计方案中增设“侧屋”，可以增加主屋中欠缺的房间和要素。有些实例敢于选择小型主屋，通过巧妙地配置侧屋来提高设计性。比如，2楼不需要有太多单人房，或者老了以后想在1楼增加单人房等。另外，侧屋的作用还有很多，比如调整进入玄关的通道和车库的位置，调整住宅在道路上的位置和外观等。希望可以在考虑设计方案各种可能性的同时，选择主屋并探讨如何规划用地。

主屋和侧屋的设计一直都在进化。“Volks Haus N”是1.5层的住宅，其关于主屋的设计与初期的“Volks Haus”并不一样。“Volks Haus N”不仅以主屋构成为前提，侧屋也极为重要。

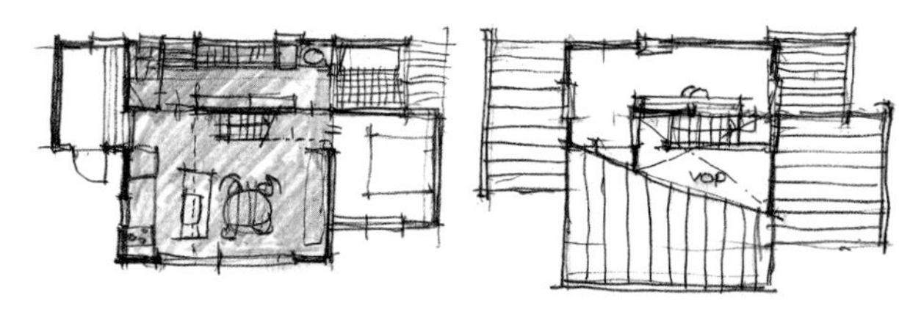

606 Volks Haus N

作为新“Volks Haus”构成的1.5层“606”主屋。侧屋由玄关土间、浴室和卧室构成。

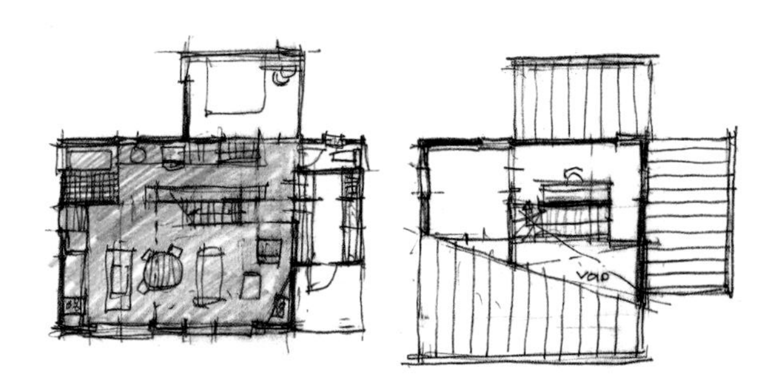

608 Volks Haus N

同样是1.5层的主屋，但“608”大一些。浴室设置在主屋内，侧屋由卧室和玄关构成。

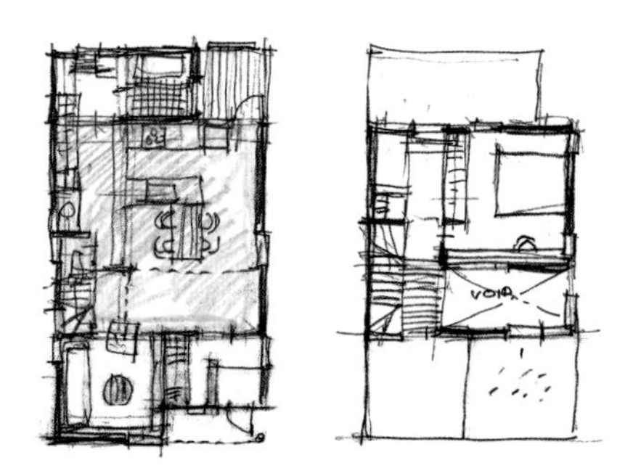

606 MKs

“MK”的“606”主屋将厨房和餐厅、楼梯、厕所还有设备间进行固定，侧屋由放置电视的起居室、玄关和用水区构成。

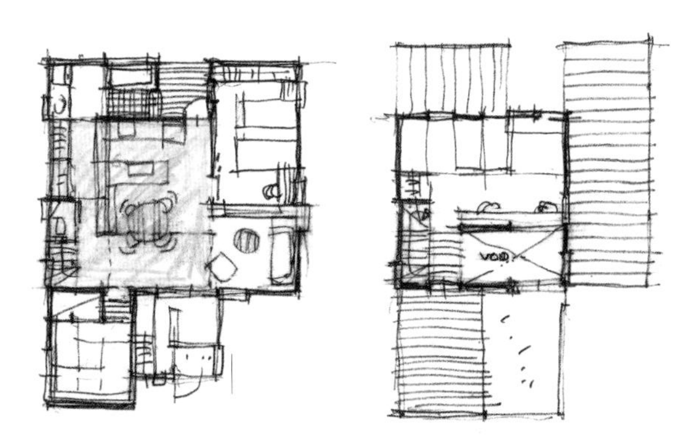

606 MKM

是比“MK”还大的主屋。玄关、和室、用水区、卧室和起居室全部放在侧屋。其最大的优点是只要增加侧屋，就能实施规划。

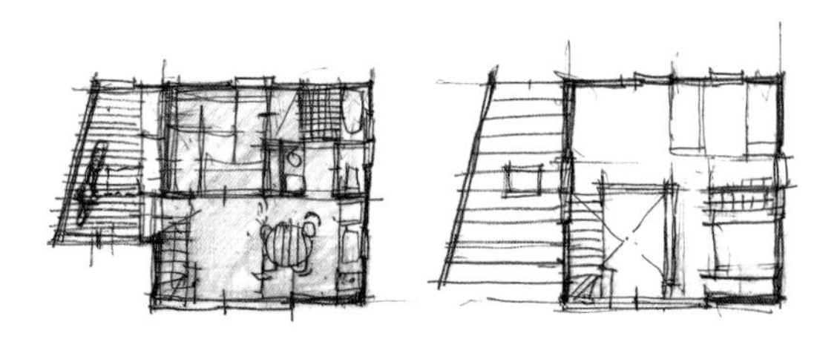

606 Volks Haus

给主屋附加简单土间的侧屋。本实例放入了一辆摩托车，也可以放入各种物品，并根据用地不同改变形状。

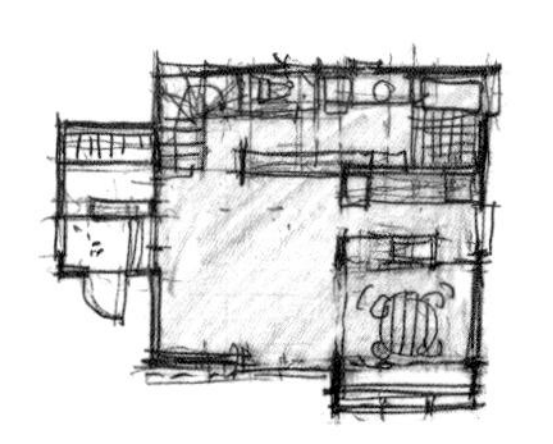
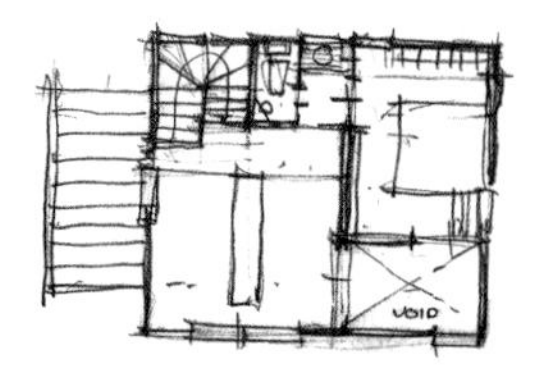

607 Volks Haus

“607”主屋是将楼梯和用水区配置在北侧的典型“Volks Haus”。玄关被设置在侧屋。

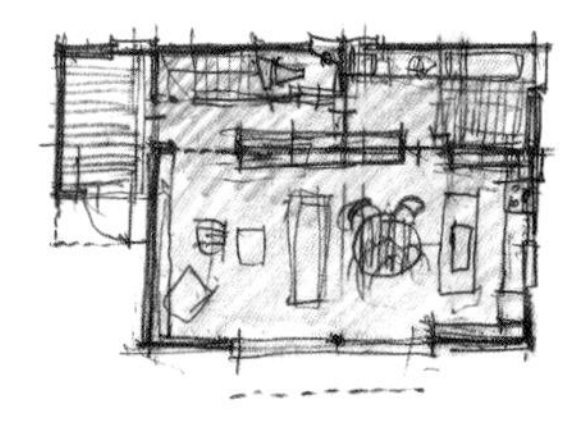
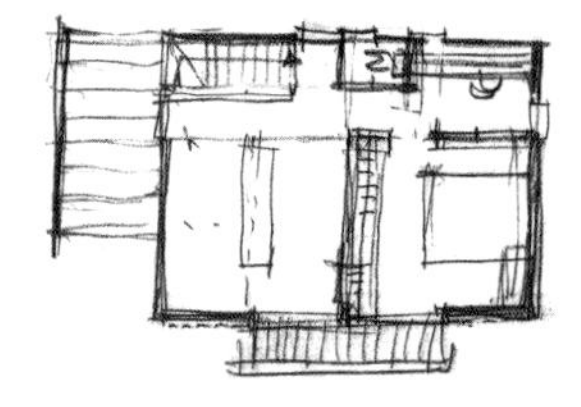

608 Volks Haus

典型的“608”主屋，楼梯和用水区被配置在北侧，提高了南侧规划的自由度，玄关仅由土间构成。

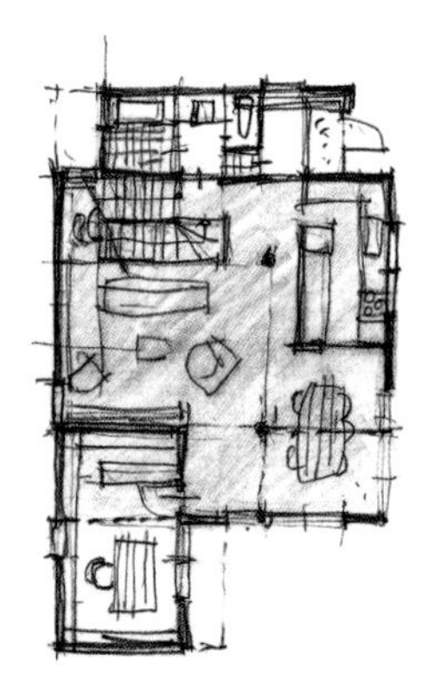
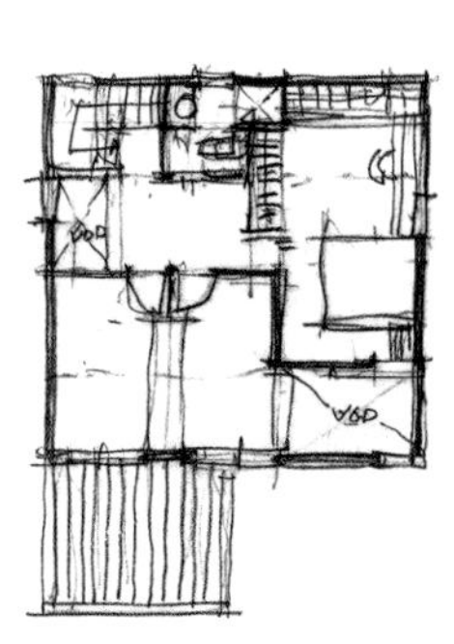

808 Volks Haus

被叫作“808”的大主屋由玄关及用水区的侧屋和书房空间大的侧屋构成。

以侧屋为基础，修改主屋布局方案

侧屋指的是『和主屋相连的小房间』，基本上是指附加在共2层的建筑物中1楼的部分。在秋山手法中，住宅由主屋和侧屋构成。确定合适的主屋之后可以再附加各种各样的侧屋，由此可以选择多种与必要条件和客户需求相符的组合。此外，如果能细微调整墙壁和侧屋的位置就更完美了。

解说：秋山东一

侧屋根据其内容可以分为两种。一种是“功能性侧屋”，比如说玄关、用水区和厨房等。通过附加功能性侧屋，使主屋的格局变得宽敞，自由度也随之提升。这里也包含在侧屋设置车库的情况。

还有一种是“空间性侧屋”。通过附加空间性侧屋，主屋便会拓展开来，其主要部分——客厅和厨房的样子也会发生很大变化。如果想在LDK的两侧设计和室，也只需要附加空间性侧屋就能实现。

侧屋的设计思路非常合理，老房子的寿命长是因为主屋的结构坚实牢固，以前都是增建与家庭成员构成和必要用途相符合的侧屋，不会对主屋进行修改。对主屋进行充分思考，通过侧屋补全功能和空间的不足，还能够适应随着时间流逝住宅使用方式的改变。因此，主屋和侧屋的组合，是非常合理的设计手法。

用水区、土间玄关和里院

2 m×4 m的用水区侧屋和2 m×1 m的土间玄关组合在一起的实例，中间设置了一个里院。

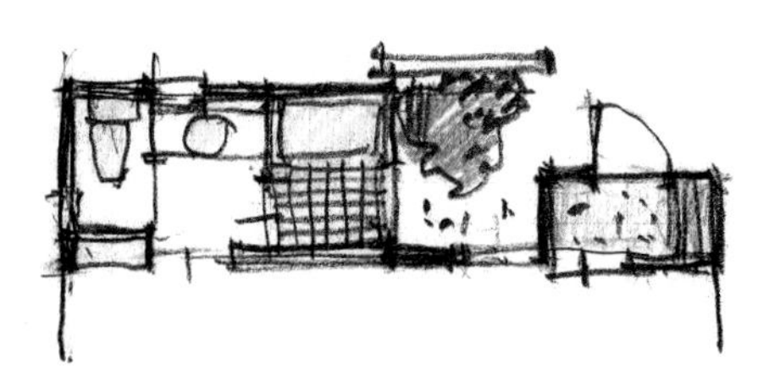

厨房和玄关

2 m×4 m的厨房和2 m×2 m的玄关侧屋组合在一起的实例。

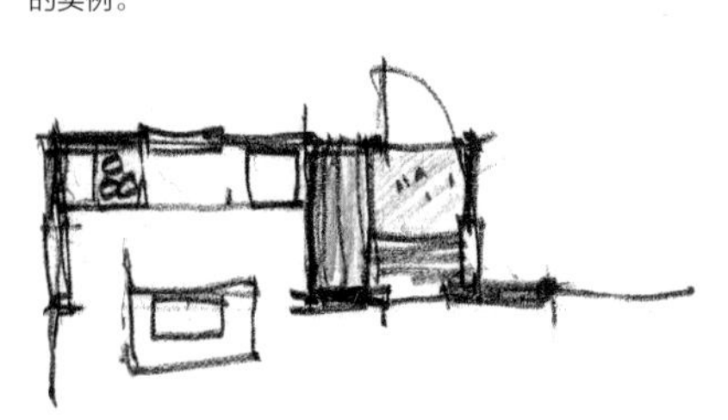

收纳

2 m×1 m的收纳空间设置在侧屋的实例。

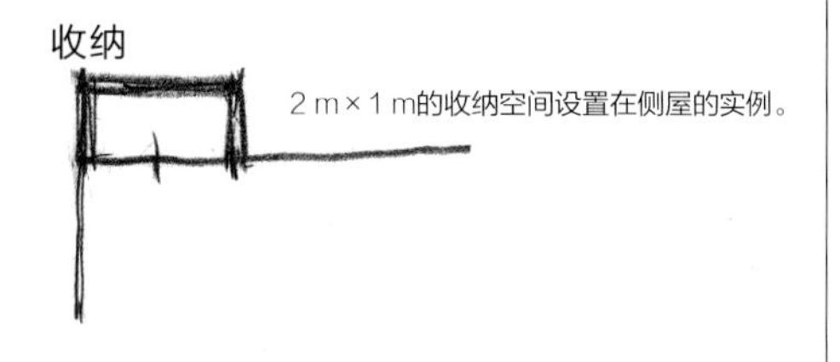

用水区（浴室、洗脸更衣室、厕所）

2 m×4 m。将用水区移出主屋，使主屋的格局会变得宽敞。适合主屋面积小，但又想在1楼设置房间的设计方案。

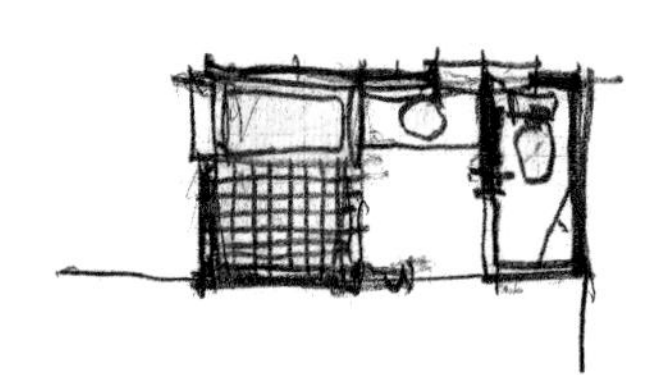

用水区和玄关

2 m×6 m，在玄关也配置了衣橱，是拥有大收纳空间的侧屋。

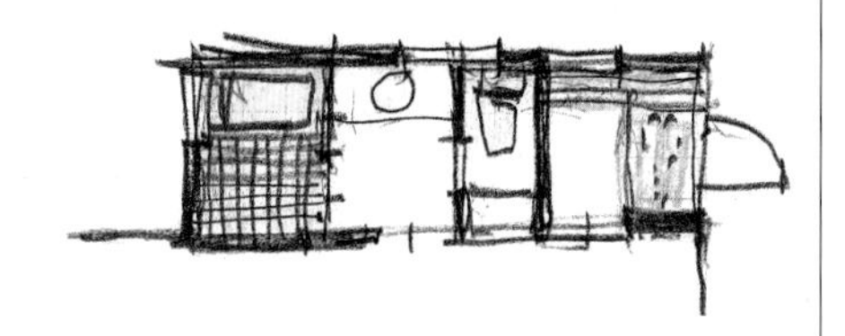

用水区、玄关和里院

2 m×4 m的用水区侧屋和2 m×2 m的玄关侧屋组合在一起的实例，中间设置了一个里院。

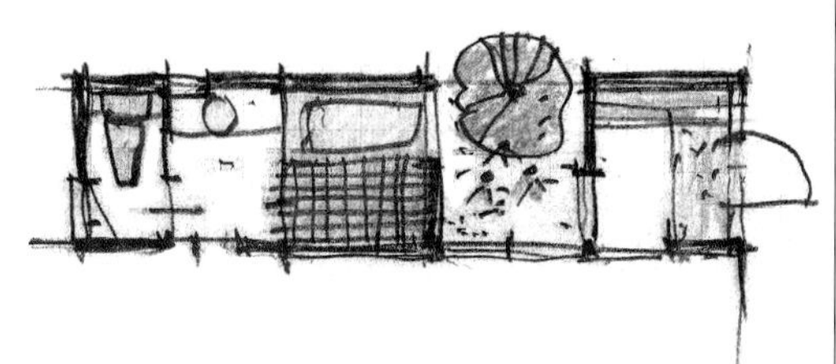

土间

2 m×1 m的土间不仅可以设置在玄关，也可以设置在厨房后门。

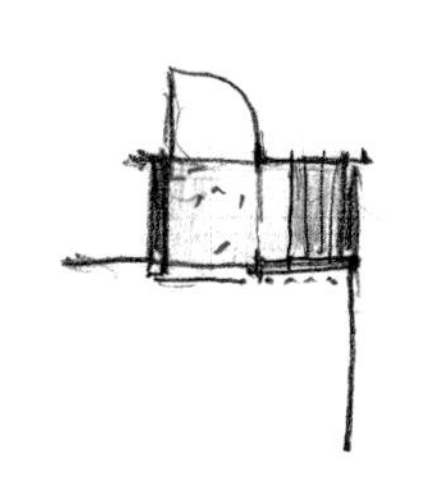

大型土间

2 m×4 m，将土间面积扩大后的侧屋是一个大型的置物空间兼衣橱，也可以收纳自行车。

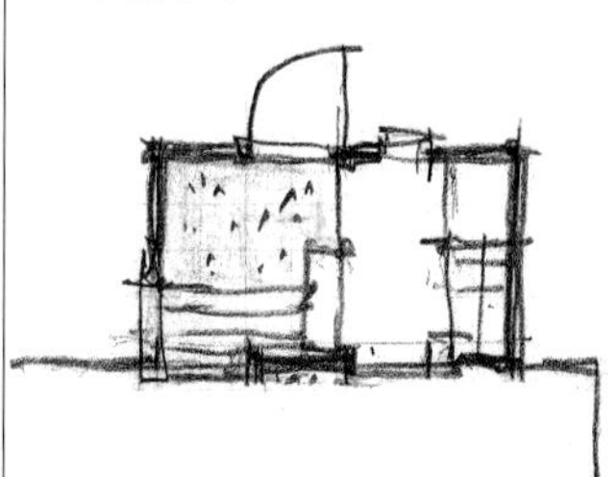

宽敞的车库

如果设置为3 m×6 m，就有了同时放置自行车、物品和设备的空间。

空间侧屋

在扩大主屋空间时使用。

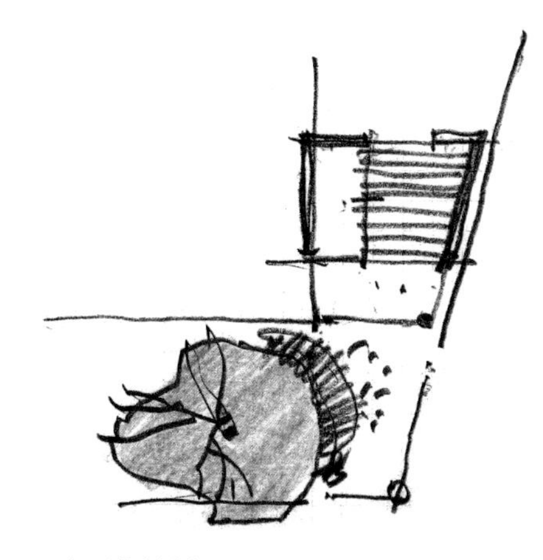

不定形状的侧屋

根据用地的形状，也可以设置其他形状的侧屋。

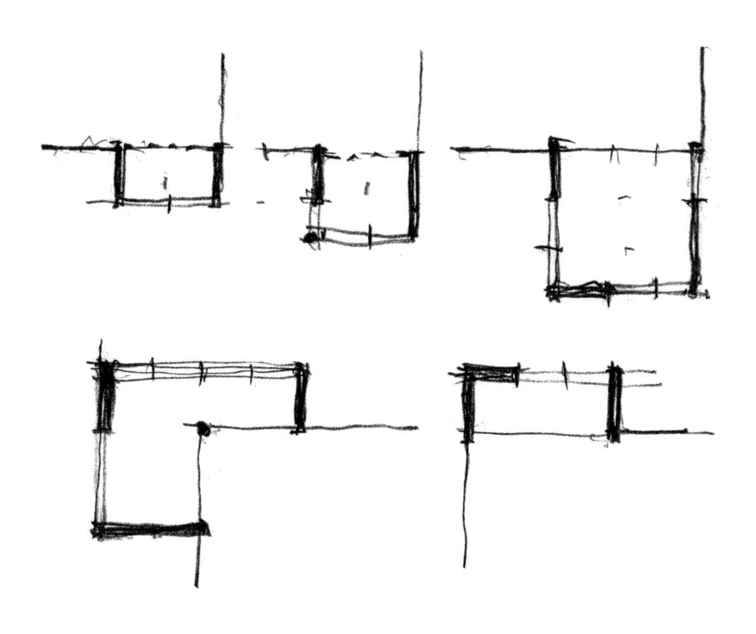

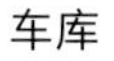

车库

最小空间是3 m×5 m。只能停放一辆车。

大型用水区（浴室、洗脸更衣室、厕所）

具备3 m×3 m的宽敞用水区的侧屋。

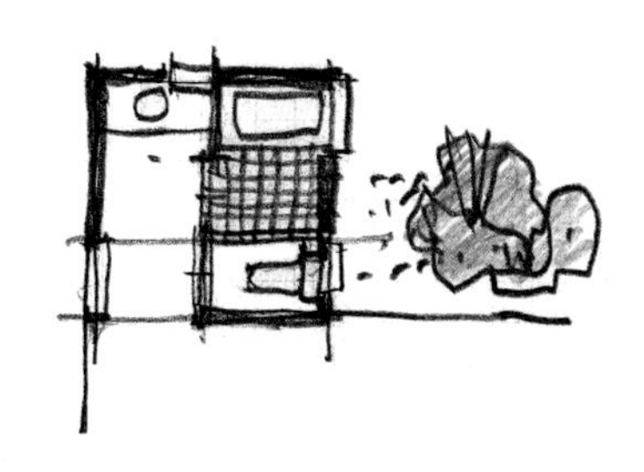

厨房和餐厅

4 m×4 m的包含厨房和餐厅的侧屋。

和室

4 m×4 m的侧屋可以设置一个8叠大小的和室，还设置了壁橱和壁龛。

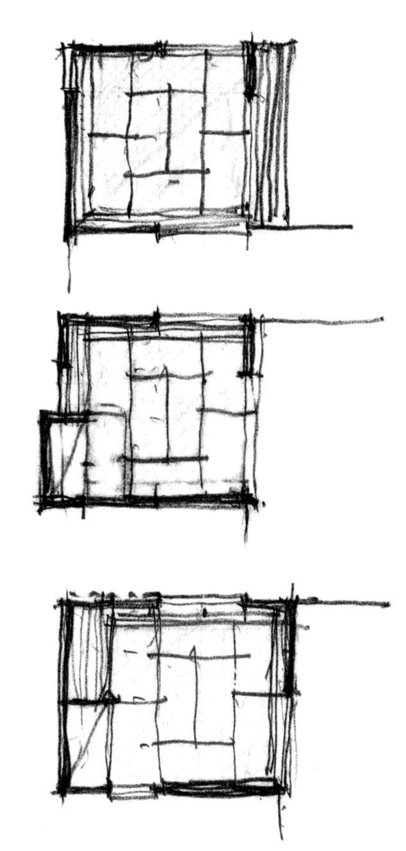

从4个式样中选择楼梯

在秋山手法中，将楼梯看作是设置在挑空或2楼地板开口位置的『装置』。踏板、带踏步侧板斜梁和扶手等构成楼梯要素的结构的确应该叫作装置。

解说：秋山东一

系统住宅是“Volks Haus”的代表，它的基本网格和层高都是事前决定好的，因此，没有必要对每个住宅都重新进行设计，可以使用事先准备好的式样。楼梯总共有4种，可以按照平面图上的形状用字母符号表示，根据面积和形状分开使用。

考虑标准的平面样本，沿着北侧外墙配置的楼梯设计通用性很高。如果将2楼剩余的空间做成单人房，那么就可以应对平面各种各样的变化。当然，在空间的正中间配置楼梯也可以，这种情况下，空间被分隔开，需要可以限制分隔的平面设计。总之，沿着外墙配置肯定不会出错。

样本1

I形楼梯

最简单的I形楼梯，设置在1 m×4 m的空间。只要够长，踏步板面也可以自由设计。

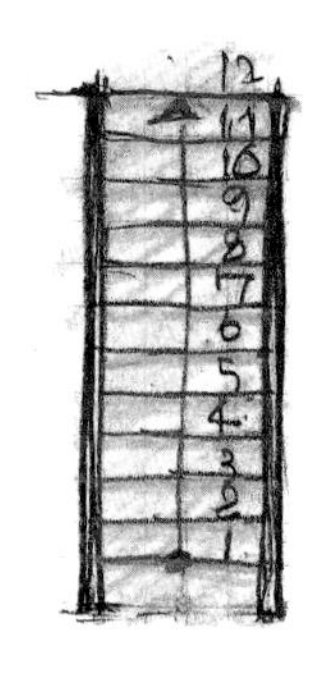

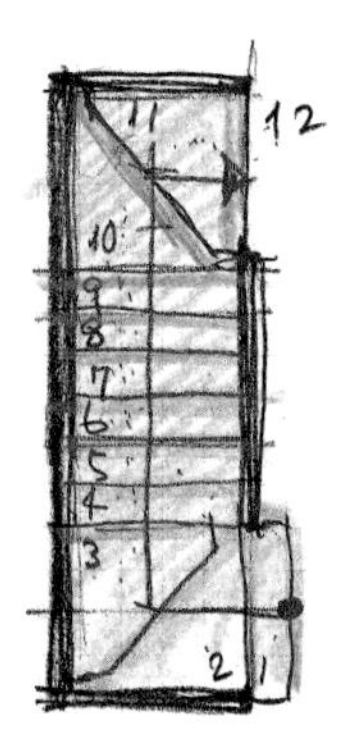

样本2

L形楼梯

是I形楼梯的变形。1 m×4 m的空间内，在入口处或顶部进行90°弯曲。这样就可以在有限的空间里设置楼梯。

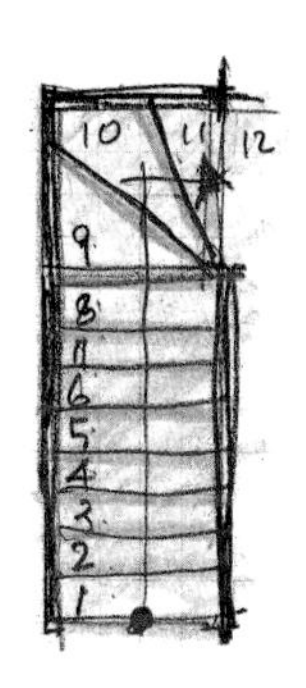

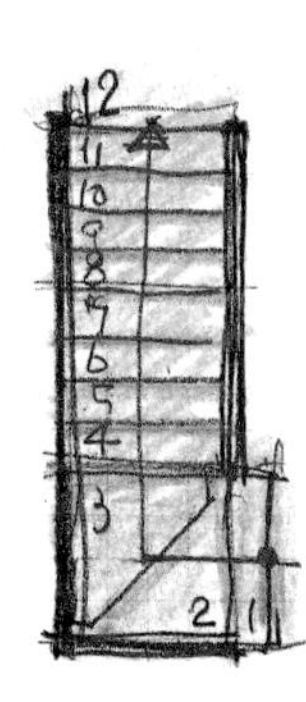

样本3

U形楼梯

设置在2 m宽的空间。也可以叫作“旋转舞台楼梯”。设计紧凑。

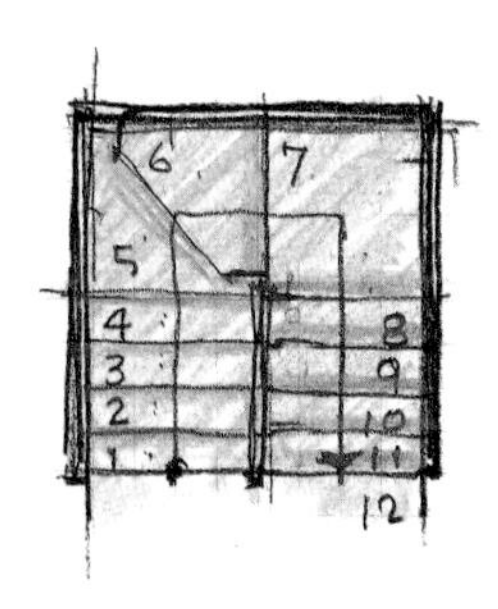

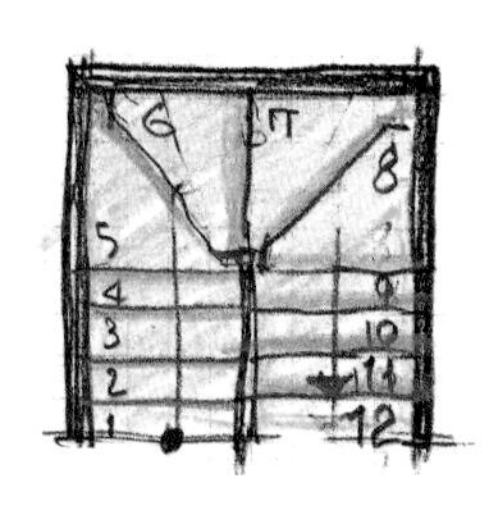

样本4

J形楼梯

因坡度较陡而无法设置成U形楼梯或空间较宽裕时使用的楼梯形式。设计在2 m×3 m的空间。

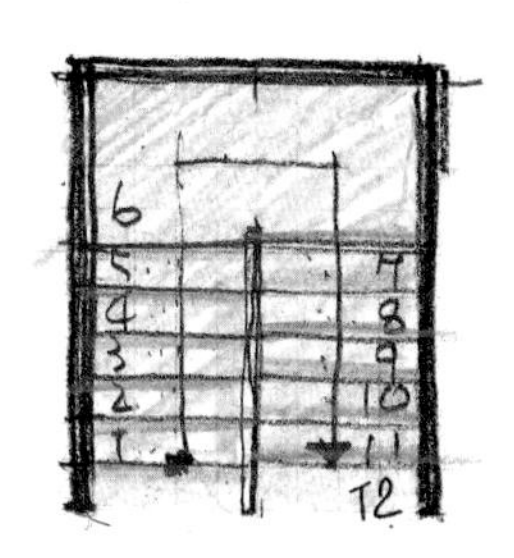

严格遵守网格，结构上没有缺陷的格局设计

千岁HOME是日本宫崎地区建筑工程公司的代表，社长西山哲郎严格地遵守『910』网格，多年来专注设计高质量的格局。

一年的时间里，除社长之外只有几个人，他们是如何设计出多达50个住宅格局的？在此我们将以实际面谈和发表会等设计前后的步骤作为立足点向大家进行解说。

解说：西山哲郎

千岁HOME会通过定期的活动和参观学习会等招揽客户。在那之后，由学术研讨会等场合创造机会，与对千岁HOME住宅感兴趣的客户会面，将那个时候的意见听取会结果做成最初的格局和计算机动画透视图（Computer Graphics，以下简称CG透视图）并提交。这期间不需要签订临时合同，也不用交保证金，如果对格局和CG透视图满意的话，再签临时合同。也就是说，从签约角度来看，格局是一个很重要的因素。

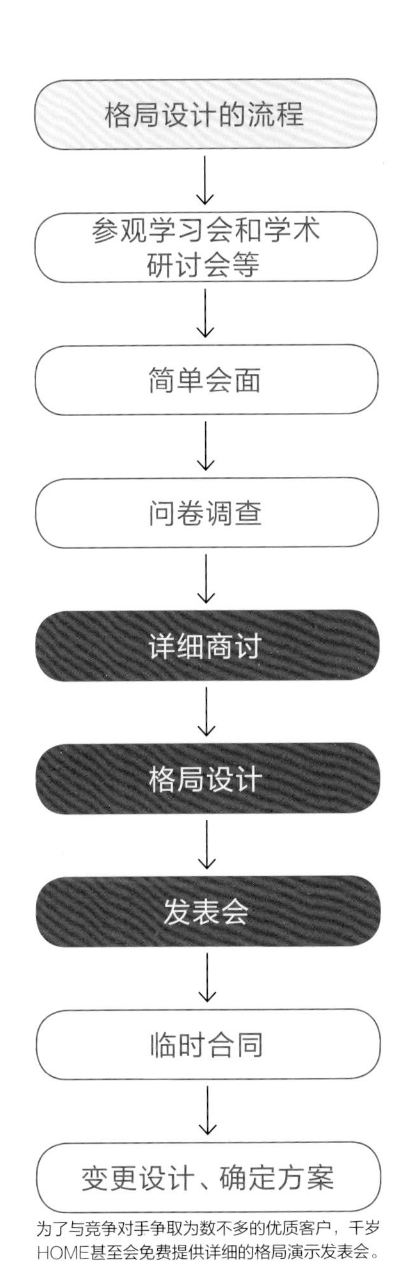

为了与竞争对手争取为数不多的优质客户，千岁HOME甚至会免费提供详细的格局演示发表会。

在会面的时候设计格局

与客户会面时，一边聊天，一边获取客户对房间和收纳的需求、兴趣爱好、所持物品等方面的信息再综合之前填写的调查问卷，根据这些信息提出房屋位置和动线设计的相关方案，画出格局草图。

千岁HOME风格格局的网格原则

6×10（3间×5间）

2×4 2×3 2×3
4×4 4×3 4×3

格局方面的网格原则。根据用地条件和需要的房间数选择平面大小，将平面按照910 mm标准尺寸分成4×4的四边形。这样安排格局在结构上就不会有任何问题。

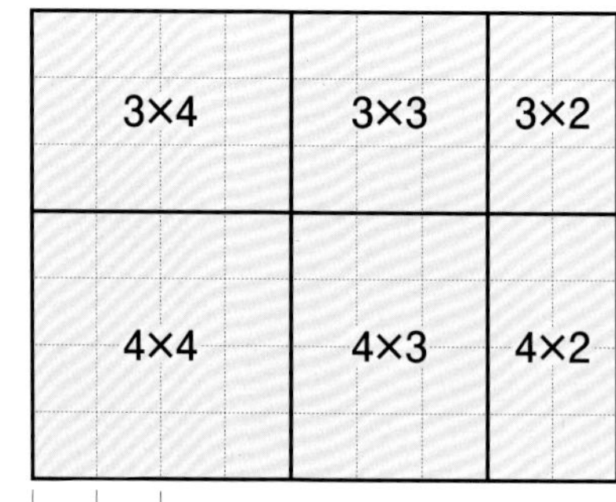

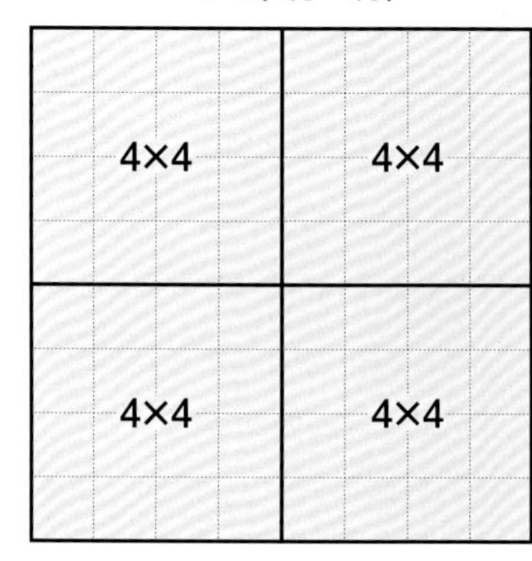

这时做出的格局草图是将房间原原本本地布置在纸上。根据用地条件和预算等因素，按照910 mm的标准尺寸画出8×8（4间×4间）、同6×10（3间×5间）、同7×9（3.5间×4.5间）的外周长线，中间再纵横分成4（2间）、3（1.5间）、2（1间）的间隔。再以910 mm标准尺寸画出的4×4（2间×2间）、4×3（2间×1.5间）、4×2（2间×1间）范围内分配房间，然后用房间把平面覆盖。“在这个房间做了什么，然后再移动到旁边的房间”“这个空间如果有这么大，基本上就可以把物品收纳起来了”等，通过画图的方式向客户说明在生活中如何使用该格局。根据客户的反馈当场做笔记，修改格局，然后会面结束。这就是我们公司与客户会面的一般过程。

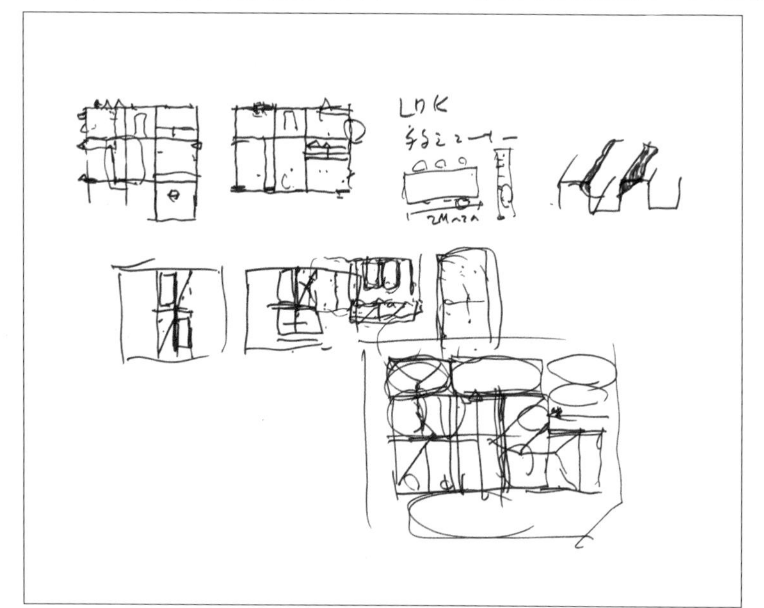

会面时西山社长画出的草图

听取客户的意见，当场画出对格局的需求及建议。

格局的规格化

千岁HOME提供固定格局的规格住宅。这和市面上的规格住宅一样，格局的做法、尺寸都是固定的，可以降低成本，且住宅成本固定。不过，虽然我们公司的住宅在格局和尺寸方面大体上是固定的，但可以通过支付额外费用，选择一部分设计以及装饰设备等相关配置。

此外，这种规格住宅的格局是由担任格局设计的西山社长从多年积累的经验中总结出来的，毫无疑问是适合所有人居住的格局。如果是3~4人的家庭，随处都可以加入让生活自由舒适的创意设计。另外，为了应对各种形状和大小的用地，我们准备了以共2层建筑为主的8×8、7×9、6×10和把这些旋转90°后得到的9×7、10×6共计5种采用910 mm标准尺寸的格局方案。除此之外，玄关的位置也分了好几种，结合用地与道路的关系，可以选择各种各样的格局方案。

适合面阔狭窄的格局。东西面积比例为4：2，东侧是起居室，西侧是收纳和动线。

东西面积比例为3：4，南北面积比例为4：2：3的格局，用水区和动线都集中在东侧。

主屋的格局是分成4份的4×4大小的正方形。1楼西侧是分成2×4的浴室和玄关。

南北面积比例为4：3的格局。1楼北侧设置用水区和走廊等。

南北面积比例为4：2的格局。上下层都将起居室设计在南侧。

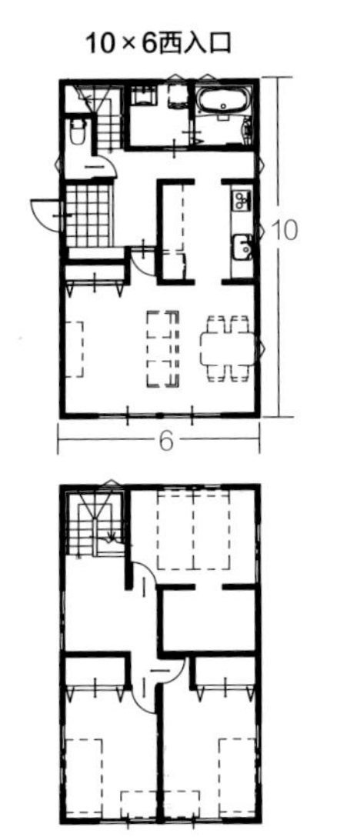

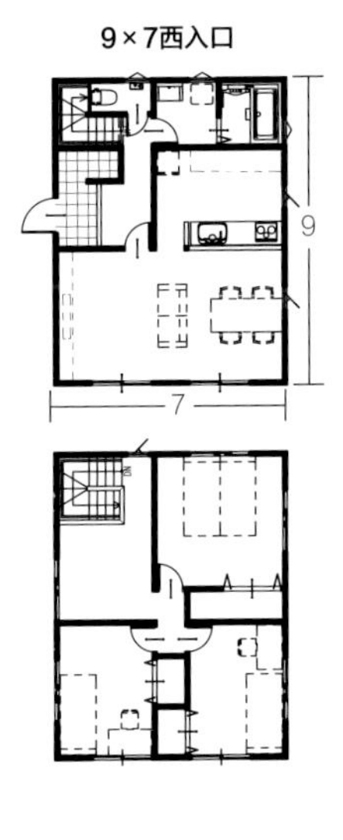

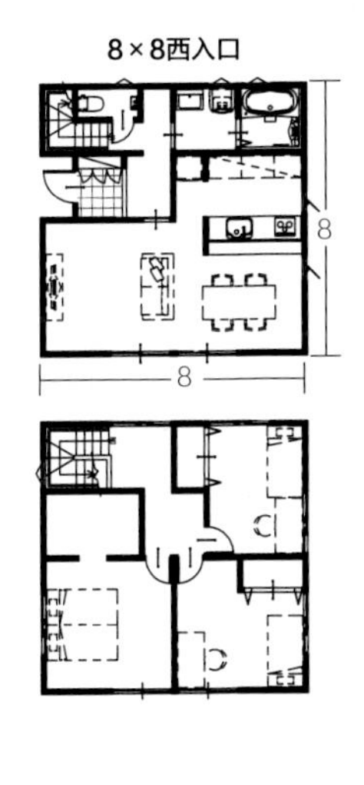

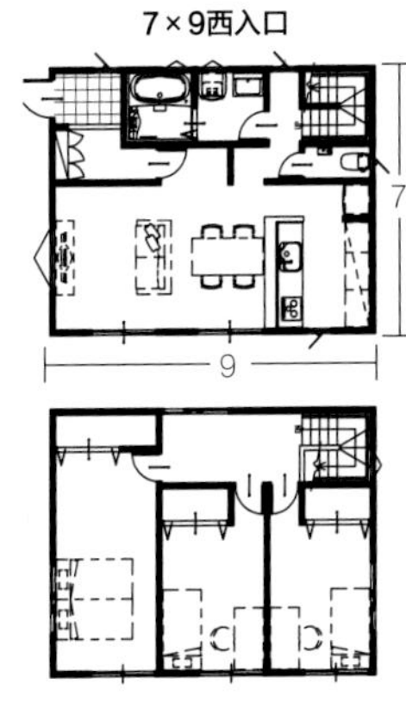

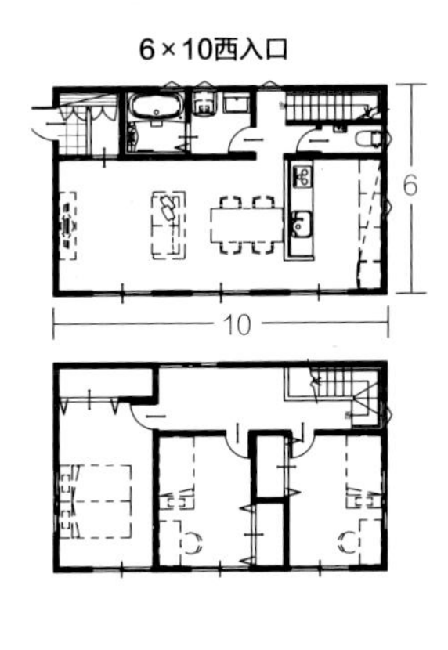

南北面积比例为7：3，东西面积比例为2：2：2和3：3组合的格局。稍微有些不同。

南北面积比例4：3：2，东西面积比例4：3的主屋格局。

主屋的格局是分成4份的4×4大小的正方形。北侧再进行分割，设置了楼梯和用水区。

南北面积比例为5：2。5份中的1份作为走廊和收纳使用。2楼的单人房将东西分成3等份。

南北面积比例为4：2的格局。南侧为起居室，北侧为动线和用水区。

规格住宅的方案实例 1：300

6×10南入口

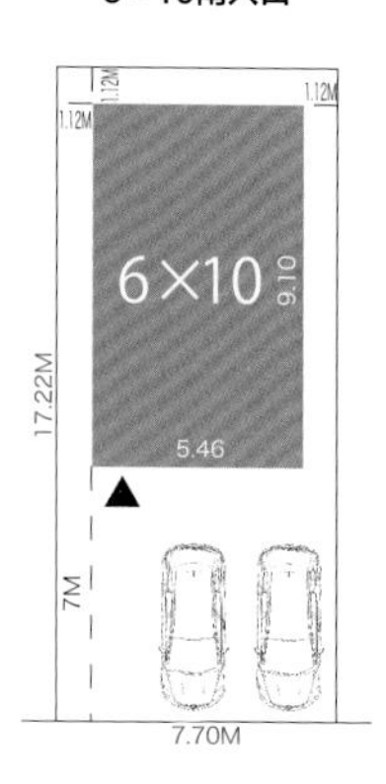

132.60 ㎡

如果道路一侧的宽度为7.70m，就能容纳纵边较长的6×10住宅。可以设计最多停放2辆车的空间。

7×9南入口

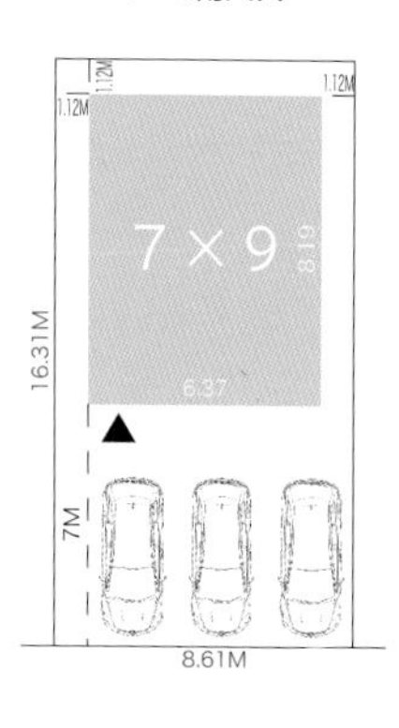

140.43 ㎡

如果道路一侧的宽度为8.61 m，就能容纳纵边较长的7×9住宅。可以设计最多停放3辆车的空间。

8×8南入口

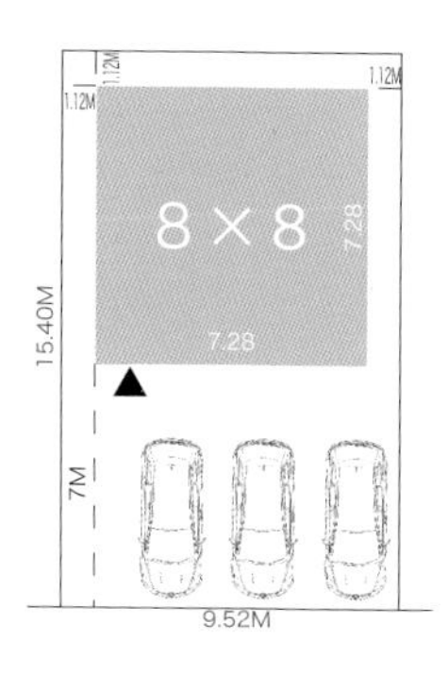

146.61 ㎡

如果道路一侧的宽度为9.52 m，就能容纳8×8的住宅。除了停放3辆车，还可以放置自行车。

9×7南入口

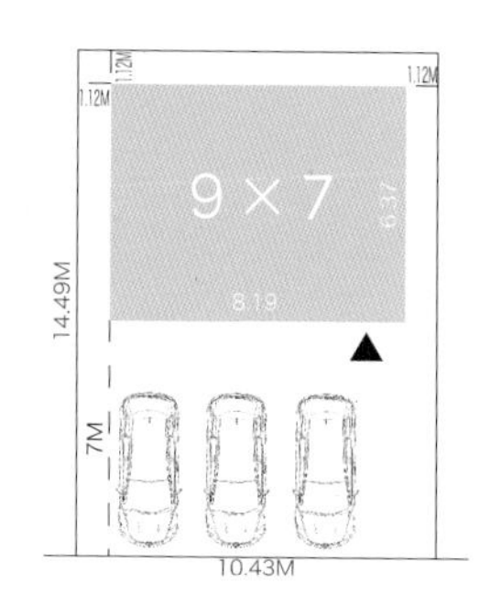

151.13 ㎡

如果道路一侧的宽度为10.43 m，就能容纳横边较长的9×7住宅。包括停车场在内，纵深达到14.49 m。

10×6南入口

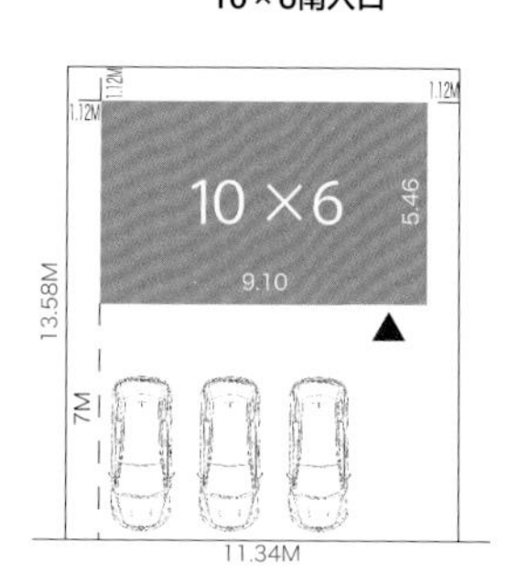

154.10 ㎡

如果道路一侧的宽度为11.34 m，就能容纳纵深13.58 m、横边较长的10×6住宅。应该可以停放4辆车。

6×10西入口

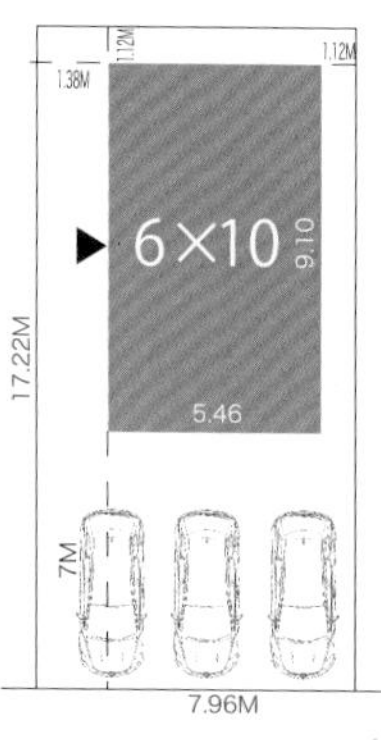

137.07 ㎡

如果道路一侧的宽度为7.96 m，就可以设置入口在西、纵边较长的6×10住宅。最多可以停放3辆车。

7×9西入口

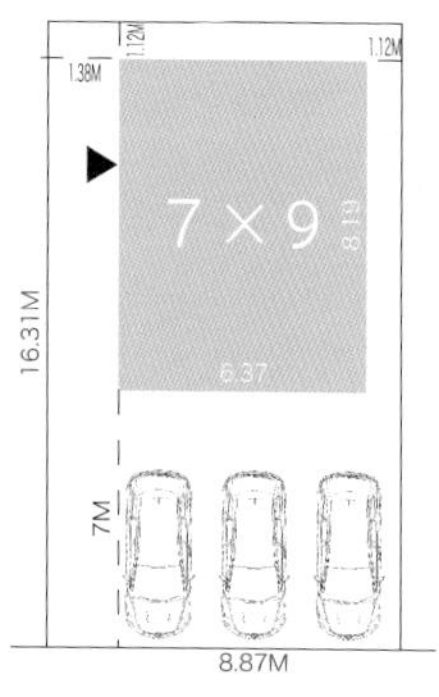

144.67 ㎡

如果道路一侧的宽度为8.87 m，就可以设置入口在西，纵边较长的7×9住宅。最多可以停放3辆车。

8×8西入口

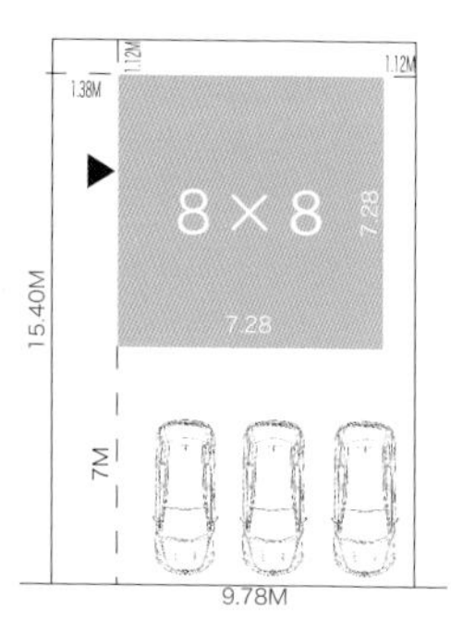

150.61 ㎡

如果道路一侧的宽度为9.78 m，就可以设置入口在西的8×8住宅。可以停放3辆车，还可以设置大门前的通道。

9×7西入口

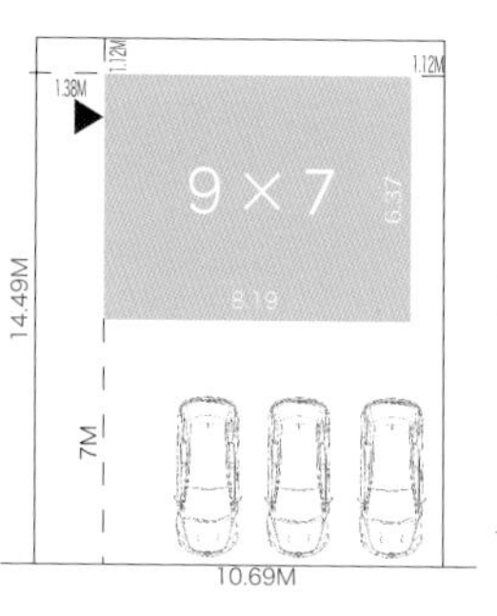

154.70 ㎡

如果道路一侧的宽度为10.69 m，纵深为14.49 m，就可以设置入口在西，横边较长的9×7住宅。

10×6西入口

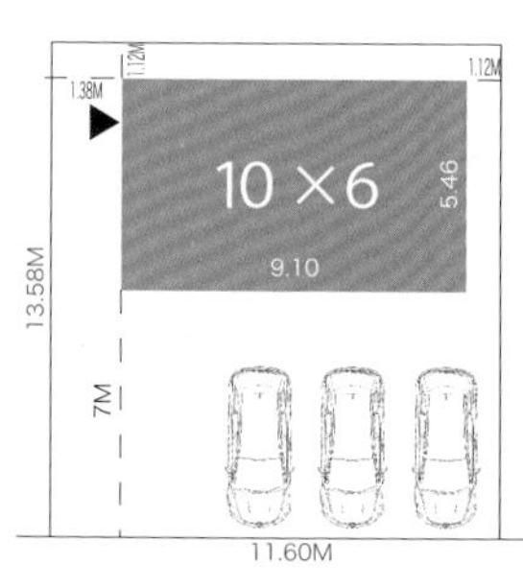

157.53 ㎡

如果道路一侧的宽度为11.60 m，纵深为13.58 m，就可以设置入口在西，横边较长的10×6住宅。

用地的规格住宅设计方案实例 1：350

用规格住宅加上侧屋来补全不足的面积

我们准备了2层主屋，可以再增加侧屋的住宅方案。这个方案面向想要更加宽敞舒适的客厅，以及想在客厅一侧设计榻榻米空间或和室（客房）的客户，如果没有构造等方面的问题，那么很容易就能在1楼原有的面积上进行扩张。

实例中的“Park Villa佐土原”正是这种类型的住宅，1楼是LDK、玄关和用水区，2楼是3个单人房。以910 mm标准尺寸来计算，根据固定格局规格来看这是一个7 × 9、共2层的建筑。LDK的角落还设置了客户强烈要求的榻榻米空间。另外，在玄关还设计了鞋柜。为了增加面积，将浴室和洗脸更衣室等设计在侧屋，是一个有延伸侧屋共2层的建筑格局。除此之外，还利用侧屋的屋顶在2楼设计了一个阳台。

Park Villa佐土原

所在地	宫崎县宫崎市
家庭构成	夫妻＋2个孩子
结构	木制2层建筑（传统工法）
用地面积	200.66 ㎡
1楼面积	53.32 ㎡
2楼面积	44.71 ㎡
总建筑面积	98.03 ㎡
竣工日期	2017年10月
设计、施工	千岁HOME

从外观就能看出这是在共2层建筑的双坡屋顶右侧增加了一个侧屋。通过网格设计格局，窗户的位置和宽度也很统一，外观看起来十分整齐。

LDK

①从客厅看厨房。以厨房为中心设置回字形动线。
②降低了20cm左右的厨房天花板内部设置了厨房换气扇的管道。
③从餐厅看客厅。随着天花板高度的变化，客厅看起来也宽敞了。
④成品厨房收纳的台面部分的纵深伸出910 mm左右，可以随心所欲地使用。
⑤1间半大小的成品落地窗。大型窗户让整个客厅都变得宽敞明亮。

调整窗户的位置和高度，创造出宽敞明亮的空间

1楼

左图中是洗脸更衣室。将天花板高度控制在2 205 mm，这样就可以设置一个从地板到天花板的窗户。右图中是玄关。走廊的前面设计了窗户，让室内空间更加宽敞明亮。

从客厅看和室和餐厅。客厅升高天花板的高度，将梁露在外面；餐厅和厨房降低天花板的高度，将梁隐藏起来。

2楼

①从大厅看楼梯间。照片中，从右侧窗户照进来的光把整个楼梯间照得非常明亮。
②从大厅看2个西式房间。左侧墙壁上是主卧室的门。
③从西式房间看主卧室。倾斜天花板和隔墙横梁上面的镂空部分让整个房间变得非常宽敞。
④从左边开始为主卧室、步入式衣橱和西式房间。照片中，从右边梁的正下方隔开，可以分成两个房间。

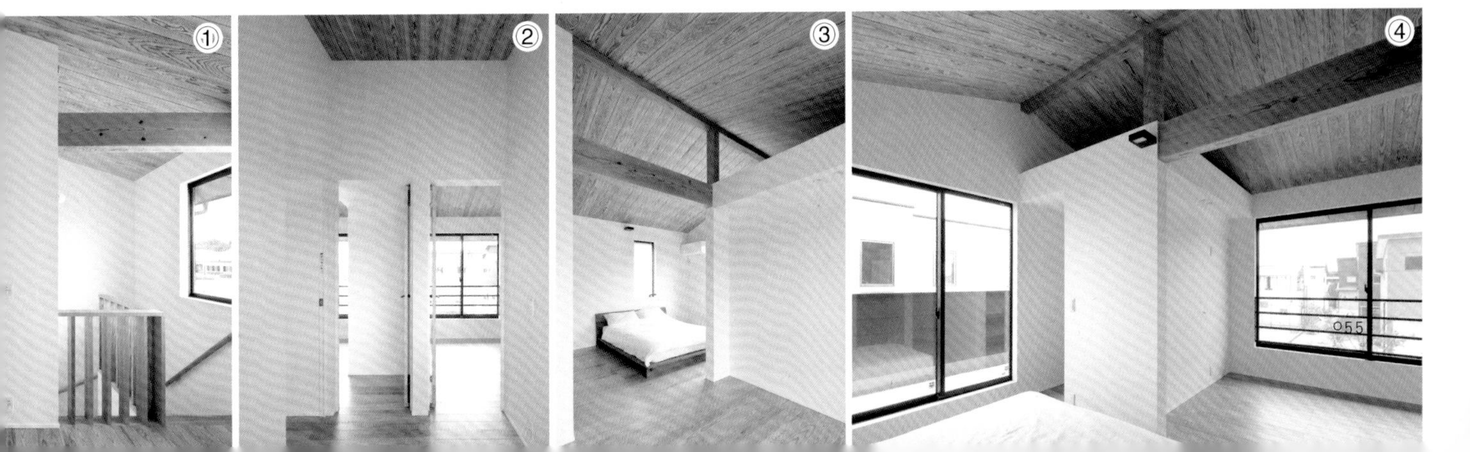

前面的庭院和大门前的通道。为了遮挡道路方向上的视线，设置了可以在心理上拉远距离的围墙和植物。在庭院里设计了原木连廊。

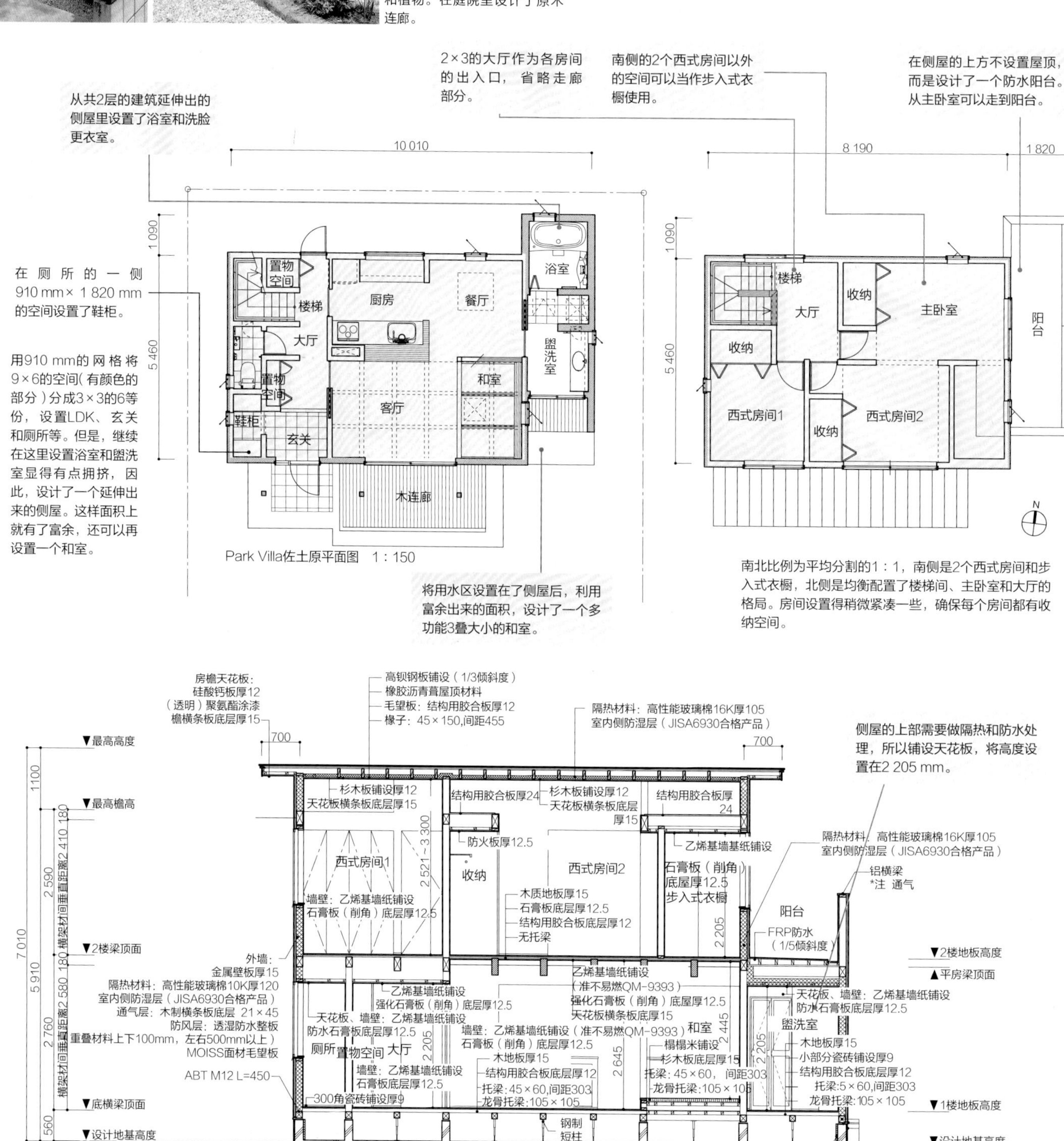

Park Villa佐土原平面图 1：150

Park Villa佐土原 整体剖面大样图 1：100

注：书中所注尺寸除注明外，均以毫米为单位

从客厅看3叠大小的和室。设置了一个很紧凑的壁龛。右边走廊的里面是主卧室。

从客厅看餐厅。餐厅的北面设置了和客厅南面一样的固定窗和拉窗窗框。

向预订住宅的客户推荐规格住宅的格局

根据和客户的会面结果进行格局设计，这时规格住宅的格局便可发挥作用。

首先，客户预算较少的情况下，可以从规格住宅的格局中选择适合的格局，直接推荐给客户。像这样通用性高的格局，对于一般客户来说，可以满足客户很大范围内的需求，如果是高性价比的价格，那么基本上客户都会接受。其次，如果客户要求较多，且预算也有一些富余，那么就可以向客户推荐在规格住宅格局的基础上增加侧屋等设施，做出一个可以舒适生活的格局。

最后，即使是居住起来并不那么轻松舒适的公寓格局，如果选址、建筑物本身的魅力以及高性价比的价格能让人满意的话，也会有很多人选择。同样，千岁HOME在充分考虑生活动线、收纳量、采光和通风等因素后推出的规格住宅格局，客户基本上也都会欣然接受。当然，因为能够大幅度减少格局设计以及会面的时间，推荐规格住宅的格局在业务方面有着很大优点。

千岁HOME的规格住宅实例。以共2层的建筑为基本，只将房顶的形状和外墙稍做改变，比如变成平屋顶、单坡屋顶、双坡屋顶或四坡屋顶，建筑的外观就可以大不相同。即使不改变格局，也能根据客户的需求在某种程度上改变设计风格。

步骤5 考虑网格和结构的设计

阿波岐原样板房南面的外观，东西向较长的平房和四坡屋顶很有特点。
窗户上端和房檐内高统一对齐，非常美观。

特殊需求多、用地狭小或不规则、居住人数在5人以上、两代人一起居住、希望住在平房等情况，都需要从“步骤1”开始做出想要的格局。但是，为了让格局设计方法与再会面时做成的手绘格局草图一致，要以2层建筑为基本，用910 mm的标准尺寸来决定8×8、7×9、6×10等的外周，将房间分成4×4（2间×2间）、4×3（2间× 1.5间）、4×2（2间×1间）等几种类型。

如果是2层建筑，就从2楼开始分配必要的房间。大体上都是在正中间设置走廊，一边设置儿童房，另一边设置主卧室和衣橱，然后在缝隙处设计约3.3 m^2的楼梯和厕所等，将2楼的格局定为正方形或者长方形。这时也需要决定柱子、承重墙和窗户的位置等。接下来，以2楼楼梯的位置作为标准点，决定1楼楼梯的位置，在考虑2楼柱子和承重墙位置的同时，决定玄关和浴室、洗脸更衣室等用水区的位置，剩下的就设置成LDK。此外，如果还想要书房、家务房、客房、榻榻米角和室内晾晒空间等，再把这些加进去，超出的部分设置从共2层的建筑中延伸出来的侧屋。接着，将2层也包含在内，考虑外观的设计，调整窗户的位置。

另外，如果是平房，可以利用网格再设计一个稍微自由一些的格局。阿波岐原的样板房就是灵活运用了用地东西走向较长的特征，做成一个横长较长的格局。这里也是以8×15网格的长方形格局为基本，东西分割，东侧是玄关和LD，西侧是西式房间2、厨房和用水区。不过这里超出的浴室、更衣室和西式房间1等是在原有建筑的基础上增加了一个像侧屋一样的矩形空间。这样，玄关的大门前通道有了纵深，北侧也成功形成了一个沉静的里院空间。

接下来，将做出来的格局画在平面图上，做好CG透视图、工程费用的报价单明细等，作为下回会面时候的汇报材料。

从东北侧看见的外观。主卧室延伸到矩形格局的外侧，这样就可以将玄关隐藏在里面。

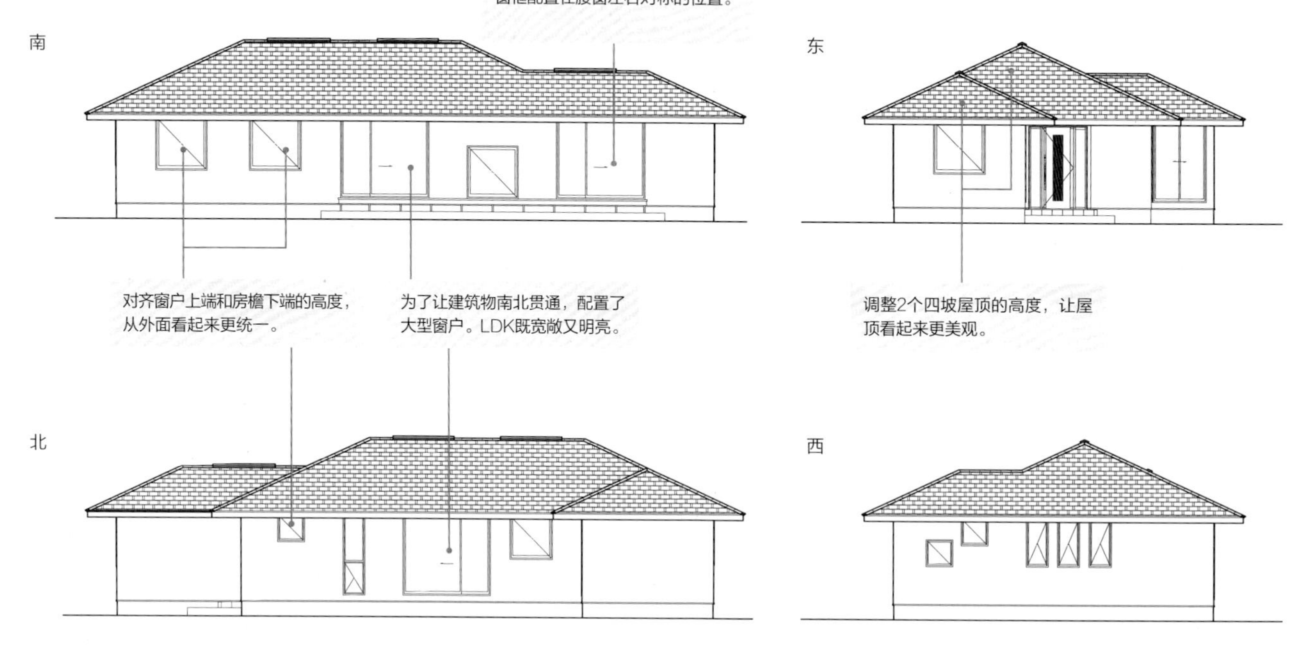

阿波岐原样板房立体图　1：200

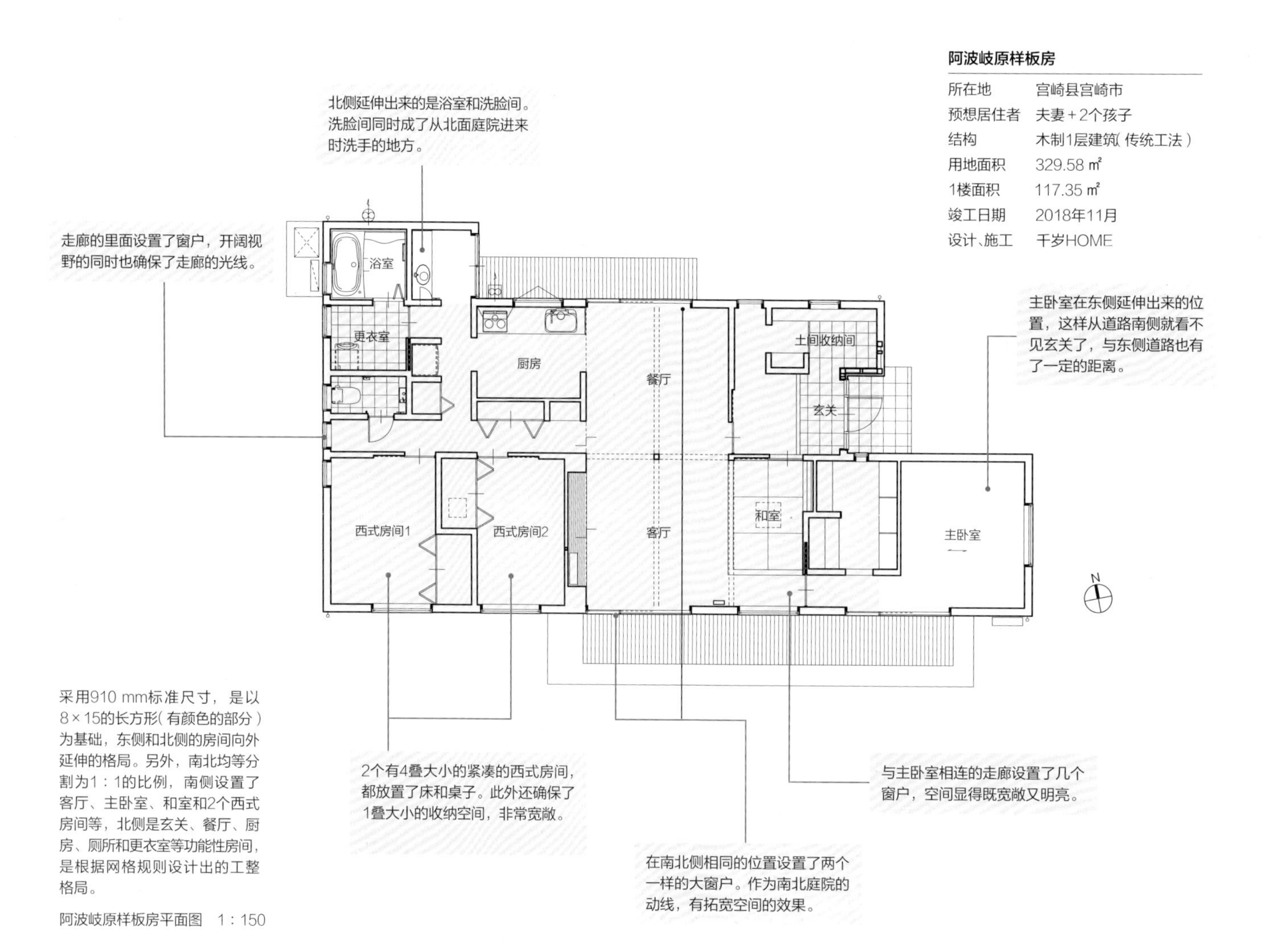

阿波岐原样板房

所在地	宫崎县宫崎市
预想居住者	夫妻＋2个孩子
结构	木制1层建筑（传统工法）
用地面积	329.58 ㎡
1楼面积	117.35 ㎡
竣工日期	2018年11月
设计、施工	千岁HOME

采用910 mm标准尺寸，是以8×15的长方形（有颜色的部分）为基础，东侧和北侧的房间向外延伸的格局。另外，南北均等分割为1：1的比例，南侧设置了客厅、主卧室、和室和2个西式房间等，北侧是玄关、餐厅、厨房、厕所和更衣室等功能性房间，是根据网格规则设计出的工整格局。

阿波岐原样板房平面图　1：150

从客厅看西侧的走廊。前端的窗户让室内空间看起来更加宽敞。

左侧的图中是南侧木连廊和房檐天花板。考虑到房檐天花板的外观，设置的时候将成品外墙通气构件和横向雨水管的下端对齐。右侧的图中是厨房的窗户。窗框根据千岁HOME的需求使用了宽度为7 mm的产品。

步骤6 格局和详细报价单一发命中！

在汇报会上，需准备平面图、CG透视图和工程费用的报价单等，以此为基础向客户进行讲解。首先使用平面图和CG透视图向客户展示如何在这样的格局里生活，然后再补充说明对道路、周边环境以及构造方面的各种考虑等。

接下来，对工程费用的报价单进行说明。要说清楚报价单上的金额并不是估算的，而是实际工程所需的费用，从报价单上的金额来看，这个住宅的性价比是极高的。在此基础上向客户说明，如果想在之前的格局里更改设计、增加房间或提高设备等级，需要增加多少费用。

在听取客户的追加需求和意见后，请客户将汇报会的资料带回去，并告知从下一次的会面开始，需要签订临时合同和缴纳保证金。在这样的场合或是根据日后的联络到了可以签订临时合同的阶段时，继续推进包含设计变更这样细小工程在内的细节设计会面。

顺便提一下，通过这样的汇报会签订临时合同的概率在9成以上。通过汇报会时给出的报价单，再次向客户说明与作为竞争对手的住宅建设公司和建筑工程公司相比，我们公司以最初标准的价格，如何在性价比上占据优势，同时将客户提出的需求一点不落地融入到设计中，这样客户对于格局的满意度就会提高。事实上将住宅建设公司和同一区域的建筑工程公司放在一起进行比较时，很多实例都表明上述两点的差距成了决定胜负的关键。

左侧的右图：玄关左边的里侧设置了土间收纳间。从土间收纳间的一侧可以进入到室内。左侧的左图：从厨房看餐厅。厨房台面是成品，强调了纵深，还可以放置大型的烹饪家电。天花板降低到2 200 mm左右，往吊柜上部放取物品非常方便。

这4幅为阿波岐原样板房的CG图。使用与CAD联动的3DCG软件，大约3小时可以完成制图。汇报会时需要准备的除了格局图和工程费用的报价单外，还有这样的CG透视图。

3

通过实例学习格局的方程式

本章对解说格局思考方法的畅销书《住宅设计解剖书2》
进行简单介绍，列举作者饭塚丰着手设计的住宅，通过大量彩色照片和
插图来解说让空间更加丰富的楼梯、挑空和窗户设计手法。

2014年《住宅设计解剖书2》开始销售，距今已有8年。饭塚丰设计出的住宅是怎样被『解剖』的呢？本章通过饭塚丰有代表性的住宅实例，介绍设计要点。

《住宅设计解剖书2》是在设计独栋住宅“魅力格局”的基础上，对要点进行解说的书。当然，对于格局来说，没有正确答案，也没有规划出魅力格局的绝对公式。我介绍给大家的都是我个人的经验以及从对我有影响的前辈设计的住宅总结出的“方程式”，也可以叫作个人的传统产品、常规做法或手法。

这本书一共由4章构成。第1章是从各种条件和需求中导出必然性的“形状”手法；第2章是从动线和空间分配等“功能面”整理格局的传统产品技巧；第3章是构造中间领域、贯通感和休息处等新级别的“空间”技法；第4章则介绍使挑空和地板高度差等平面格局“立体化”的魅力手法。

书中以方程式相关的解说贯穿始终。这次我以自己实际设计的住宅，通过丰富的照片和设计图向您介绍“方程式”如何应用。

如果您通过本章知道了房屋设计是如何使用方程式的，或者能够了解《住宅设计解剖书2》的核心内容，我会十分荣幸。

《住宅设计解剖书2》4章题目：

1——从四边形开始

2——掌握设计的礼仪规范

3——空间和空间之间的处理

4——演奏高度的旋律

纵深感和贯通感让空间变宽

东京都杉井区

杉井U宅

该建筑是空间划分少的开放式格局。业主是一名插画家，想要一个“感觉前面好像还有空间，并且有死角”的家。于是，我将平面设置成H形，做出看不见的内部，突出纵深感。动线从集中在中间部分的玄关和楼梯开始，一直延伸到建筑物外部的“休息处”，形成通路。2楼的餐厅南侧设置了一个大窗户，在旗杆地的杆方向做出贯通感。

左图：从玄关看大厅。
右图：从1楼大厅看书房。这里摆满了书本。

原则1：用窗户代替整个墙壁

在光线穿过的延长线上设计窗户，将整个墙壁省略掉，提升了房间的“空旷感”。有将空间挖成筒状的感觉。

杉井U宅

所在地	东京都杉井区（防火区域）
家庭构成	夫妻
结构	木制2层建筑
用地面积	146.25 ㎡
建筑面积	49.46 ㎡
总建筑面积	98.92 ㎡
摄影	石曾根昭仁
插图	鸭居猛、岨野千代子

原则2：用L形干扰视线

突出纵深感有两个重要技巧：①做出完全看不见前面的死角；②从死角内部注入光。L形平面就非常容易实现这2点，只要做出一面遮挡视线的墙壁，就可以得到遮挡视线的效果，如果再在死角的前面设置一个窗户的话那么就更完美了。

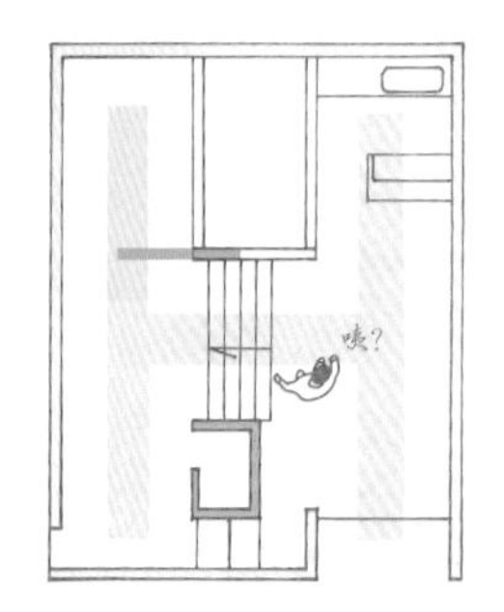

原则3：尝试改变地板的高度

将L形布局组合后，就会变成H形，这样一来就有了很多个死角。然后将一边地板的高度升高，通过突出楼梯的存在感，拓宽上下的视线，强调纵深感。

从2楼再上几个台阶就来到了眼前的房间。这里也可以作为女主人的织布间。

2楼的餐厅。里面是厨房。图中左边的间隔墙可以产生一个死角，营造纵深感。

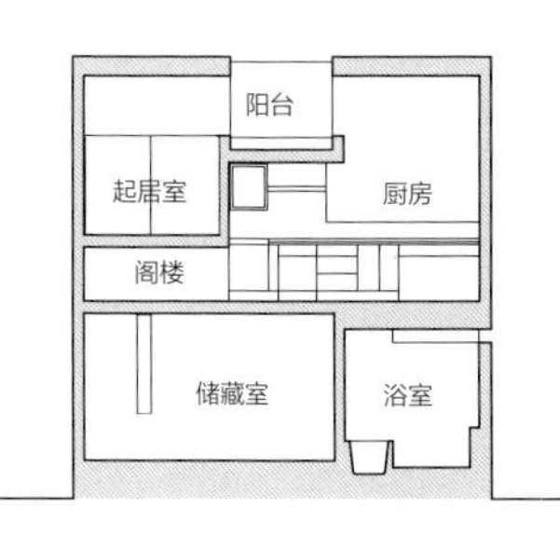

原则4：简单地做出跃层式住宅

将房顶加高，2楼的天花板就增高了0.5层。然后将2楼地板的一部分向上挪0.5层，这样就可以做一个跃层式住宅了。然后在1.5层高的1楼和2楼的天花板处插入小的地板，就可以做出一个阁楼和收纳空间。

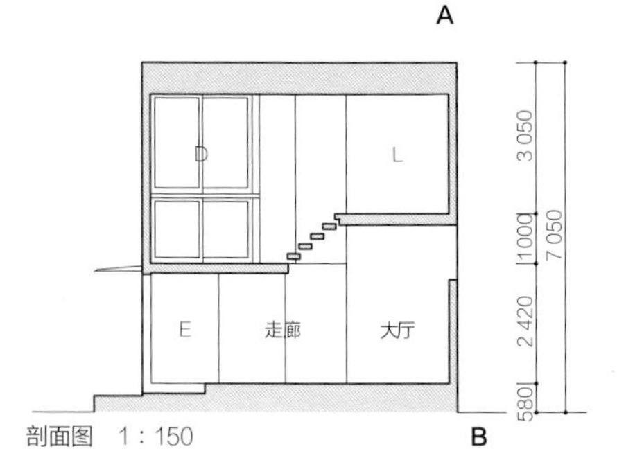

剖面图　1：150

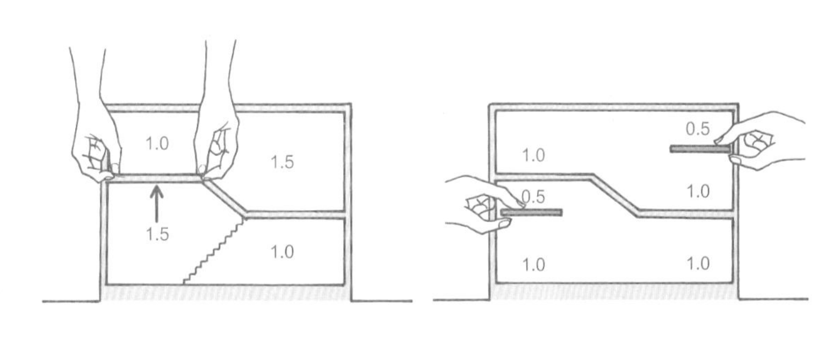

原则5：将玄关和楼梯设置在最中间

将玄关和楼梯设计在建筑物中间的地方，就可以减少只用作"走动空间"的走廊。而且，减少了走廊，分配给各房间的面积就会增加，房间就变大了。

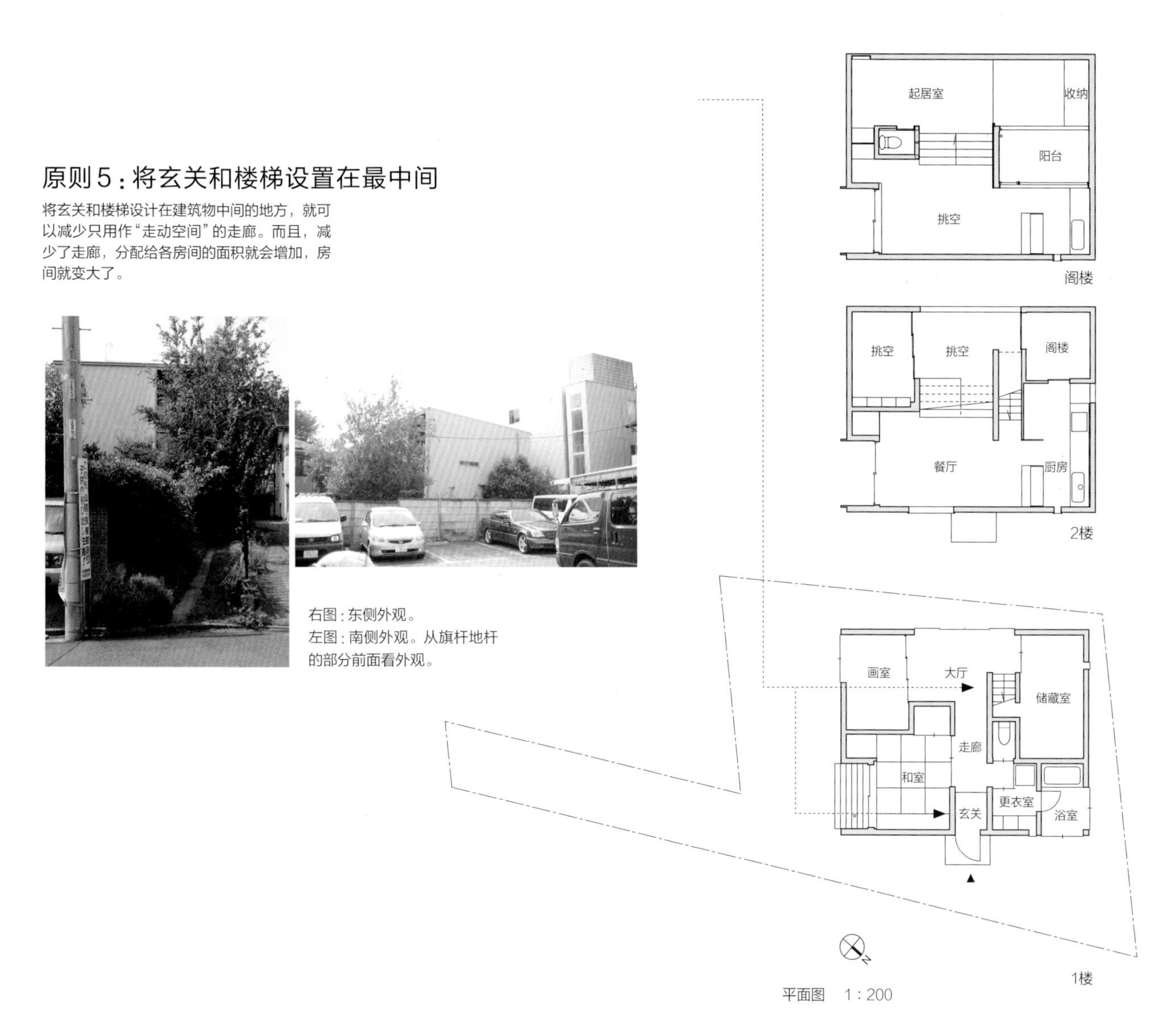

右图：东侧外观。
左图：南侧外观。从旗杆地杆的部分前面看外观。

平面图　1：200

方程式 2 楼梯成为生活的中心

东京都杉并区

西荻T宅

在基本上是正方形的平面上做出的2层和2.5层的跃层式住宅格局，是一个逆转方案。1楼以兼做楼梯间的宽阔土间为中心，由主卧室、大大的衣橱和客房构成。2楼是客厅、儿童角、阳台和书房，2.5楼是餐厅和厨房。在整个家里设计房间的同时，做出多个视线贯通的点，还考虑到不能让人感觉空间很狭窄。

原则1：增加楼梯宽度以及减小坡度会让人很舒适

拉斐尔的著名画作《雅典学院》，仔细看，楼梯正中央有一个懒洋洋的人。如果增加空间中楼梯的宽度，并降低坡度，楼梯就会具有“休息处”的功能。

从2楼客厅看2.5楼的餐厅。

西荻T宅

所在地	东京都杉并区（准防火区域）
家庭构成	夫妻＋1个孩子
结构	木制2层建筑
用地面积	100.25 ㎡
建筑面积	49.68 ㎡
总建筑面积	101.95 ㎡
摄影	黑住直臣、饭塚丰

原则2：将楼梯下面做成休息处

如果休息处的上面有顶盖，空间的存在感会被加强，会让人想待在里面。如果从下往上看，楼梯就成了漂亮的“房顶”。一直被当作收纳和厕所使用的楼梯下方的空间，改成休息处也不错。

右图：土间的休息处。光线可以从上方较宽的楼梯缝隙照进来。
左图：楼梯梯台下面是猫笼的位置。

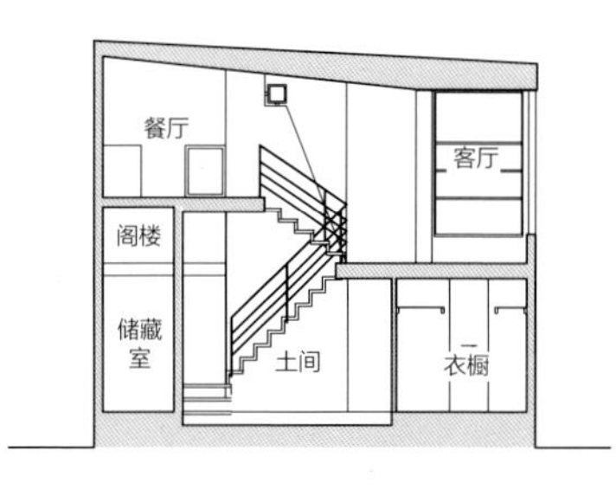

A

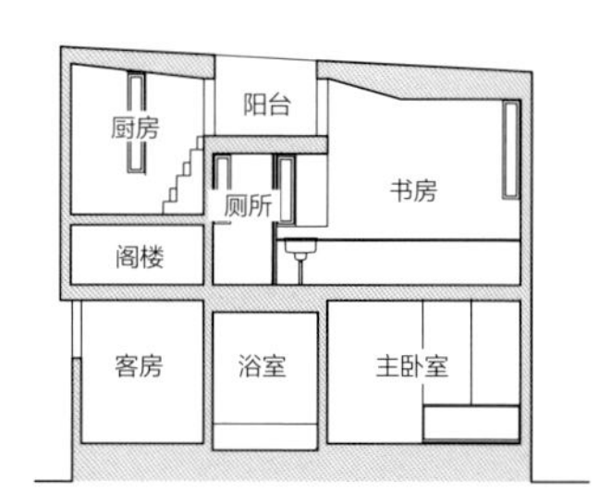

B

剖面图　1：200

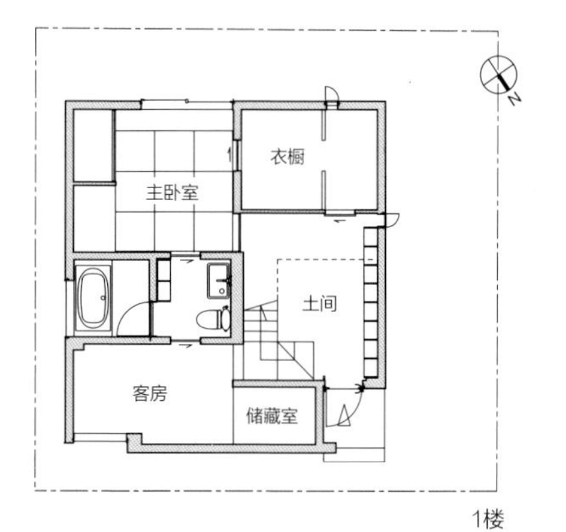

1楼

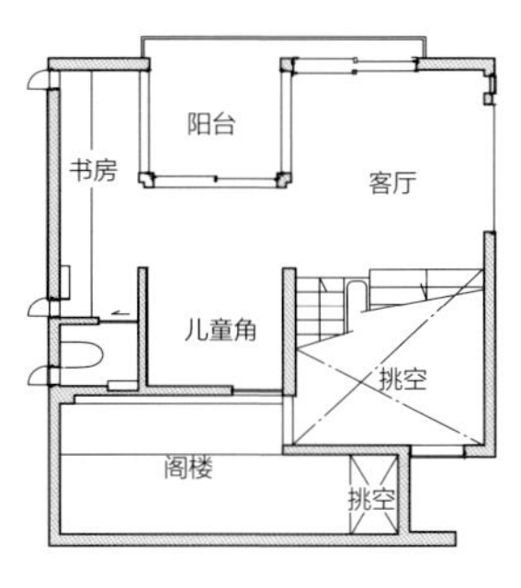

2楼

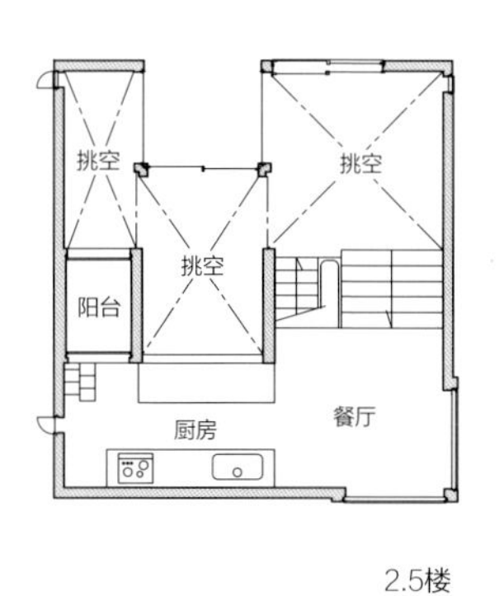

2.5楼

北侧外观。角落的窗户成为外观上的亮点。

平面图　1：200

原则3：既是角落，也是全面

入口顶层的窗户在建筑物的正面来看是角落，但是窗户部分本身也是一个独立的规划，所以也可以说是全面。因为遵守了窗户设计的正面规则（参照第75页），所以在外观上也保持了平衡。

从2.5楼的餐厅向下看2楼客厅。

方程式 3

挑空的双坡屋顶给人贯通感

白井T宅

所在地	千叶县白井市(法22条区域[1])
家庭构成	夫妻
结构	木制2层建筑
用地面积	631.94 ㎡
建筑面积	76.18 ㎡
总建筑面积	127.10 ㎡
摄影	水谷绫子

原则1：将正中间拉上去

基本上将建筑物正中间向上拉，房顶就会变得好看。尤其是客厅在2楼的情况，通过房顶隔热，可以做出带倾斜天花板并且十分宽敞的客厅。

西南西外观。围绕开口部分的袖墙和双坡屋顶的外观很有特点。外墙铺着跟房顶一样的钢板。

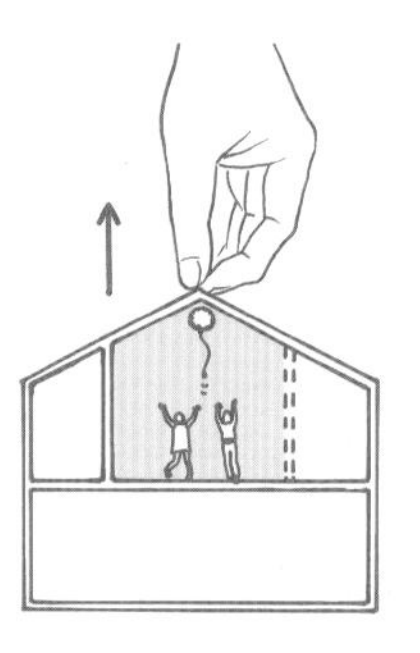

千叶县白井市

白井T宅

在1楼设置内置车库。外观上在双坡屋顶下方增加了一个箱形区域。屋顶的承重墙都集中在箱形区域，2楼的双坡屋顶部分全部做成大型挑空空间。挑空空间前面（2楼西南端部分）是纵深很深的带房顶的阳台，后面（2楼东北端部分）是将地板向上升了半层的“休息处”。客厅的旁边是用玻璃隔开的工作室，纵深感很强。

1　法22条区域指的是在防火及准防火地域之外，为防止发生火灾而在房顶使用阻燃材料的区域。

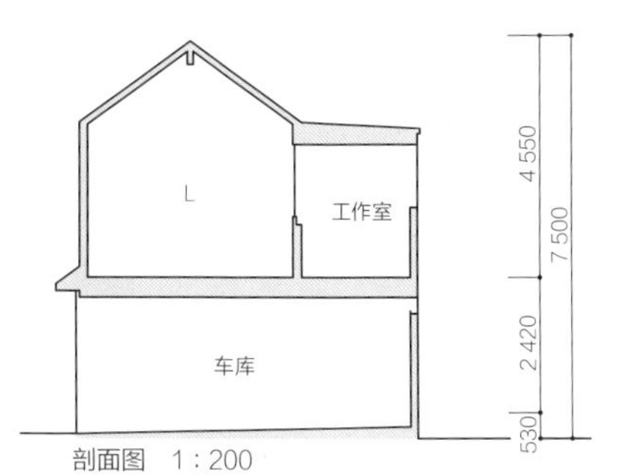

剖面图　1：200

右侧的左图：从外面看内置车库。
右侧的右图：从玄关大厅看内置车库。

原则2：只遮住声音的透明窗

想将声音遮住，但又想让光线通过，这种时候用透明的拉门最有效。如果特别重视隔声效果，就可以全都用铝制窗框，也有用木制门窗起到隔声效果的方法。

客厅的旁边，玻璃背面是工作室。

从餐厅看厨房。

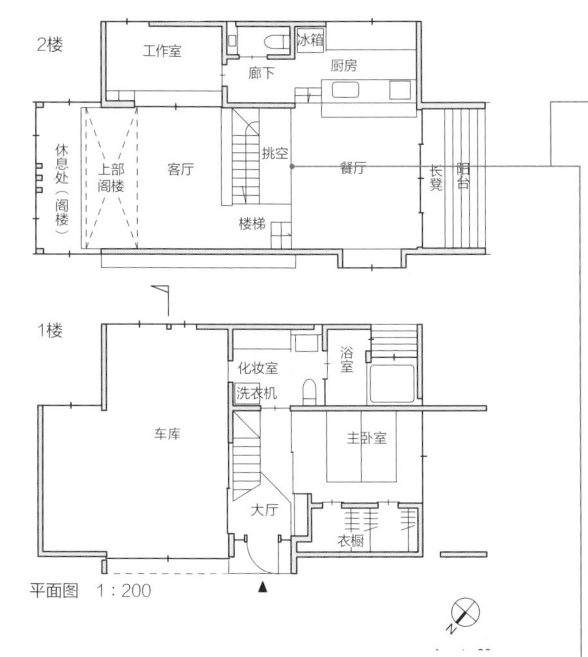

平面图　1：200

原则3：将和室和楼梯成为搭档，配置在中央

挑空也好，楼梯也好，都需要在地板上打孔。如果打孔的话，抗震性就会随之下降，所以尽可能将挑空和楼梯放在一起共用1个孔。楼梯的合理空间是1间×1间半，因此，将楼梯配置在建筑物的中间就能简单地做出一个大挑空。

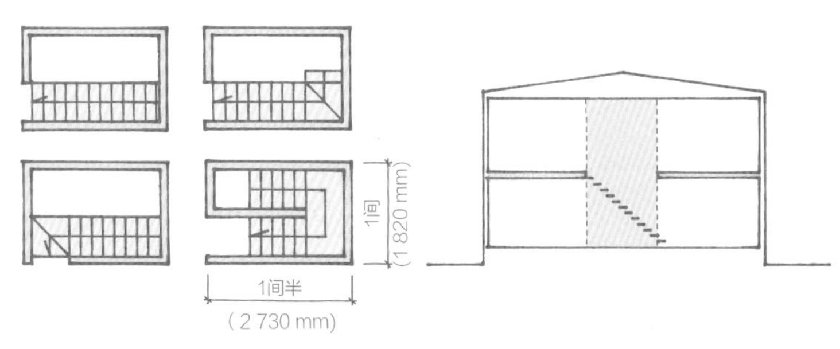

原则4：将楼梯夹在餐厅和客厅之间

这样的配置让两个空间的领域性更明确。但是由于冬天的时候餐厅和客厅的热气会从挑空散掉，因此有必要做一个非常完备的隔热设计。

方程式4 将内部和外部连在一起的露台

东南侧外观。从2层伸出的房檐为住宅塑造出立体感。周围的植物也让住宅整体外观变得丰富。

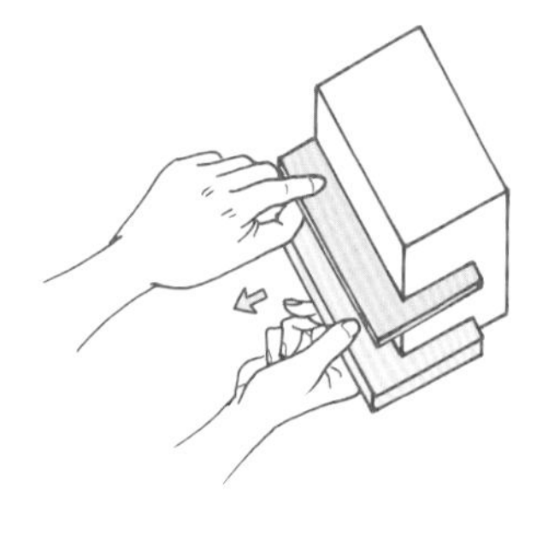

东京都多摩市

多摩N宅

该住宅是在长方形，在共2层的建筑里加了一个平房浴室的格局。1楼以LDK为中心，带房檐的大露台与设计在室内的连廊地板高度一致，凸显内外部的连续性和一体感。2楼由夫妻二人的书房兼工作室和儿童房构成。这里通过各处地板高度的变化，赋予适当的距离感和沉静感。

原则1：房檐伸出

不仅仅是房檐，露台也一样，通过纵深让露台突出，就形成了一个让人心情愉悦的半室外空间。

从工作室看挑空前面的儿童房。
左边是共用收纳空间。

原则2：试着将空间的边缘升高

将客厅的门窗和地板升高400 mm左右，这样就有了一个设置在室内的檐廊，可以将其作为全家人都能坐在上面的空间。

餐厅内部檐廊和露台高度相同。

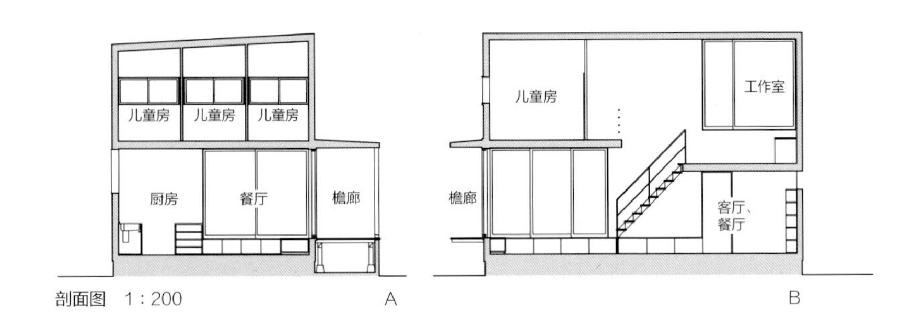

剖面图　1：200

原则3：通过跃层式建筑让视线发生变化

修建跃层式建筑，眼前广阔的景色就能发生很大的变化。因为上下层同时进入视野，可以让人感觉整个空间都变得宽敞。

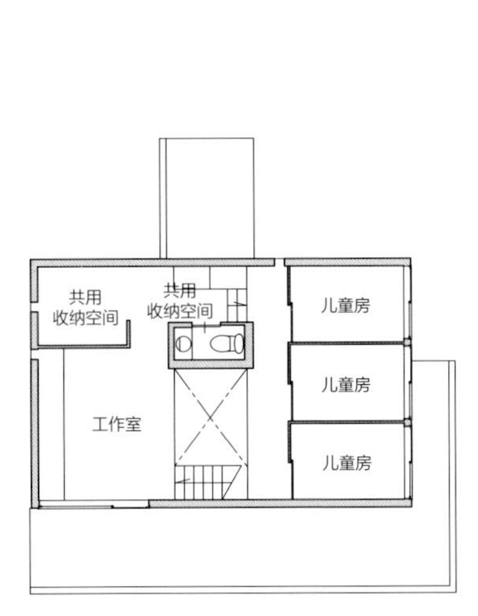

平面图　1：200

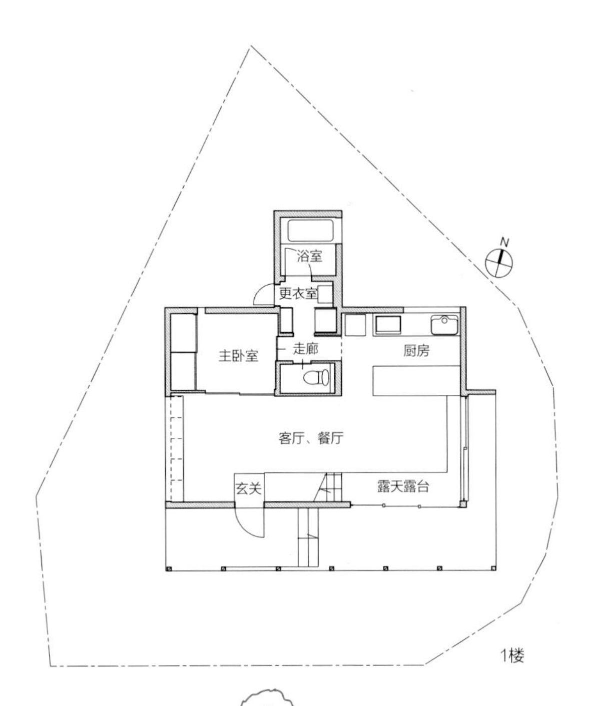

多摩N宅

所在地	东京都多摩市（法22条区域）
家庭构成	夫妻＋3个孩子
结构	木制2层建筑
用地面积	182.30 ㎡
建筑面积	72.46 ㎡
总建筑面积	103.06 ㎡
摄影	黑住直臣

原则4：拥有贯通的敞亮感

从一头到另一头的直线空间可以通过调整隔墙的位置来实现。一般将客厅和餐厅贯通，这样的空间很容易实现。如果多几个这样的贯通，空间给人的敞亮感就能大幅度提高。

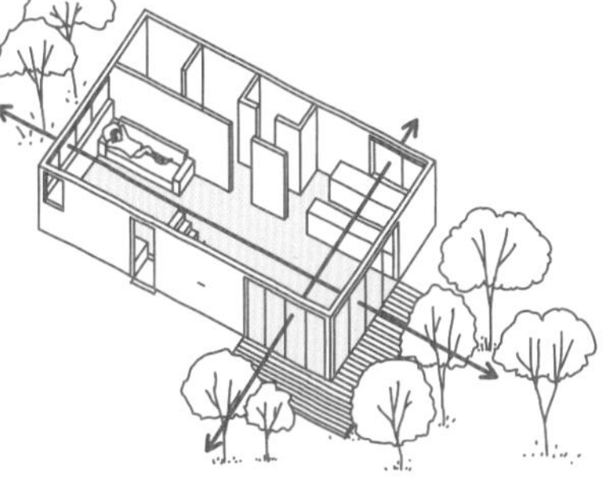

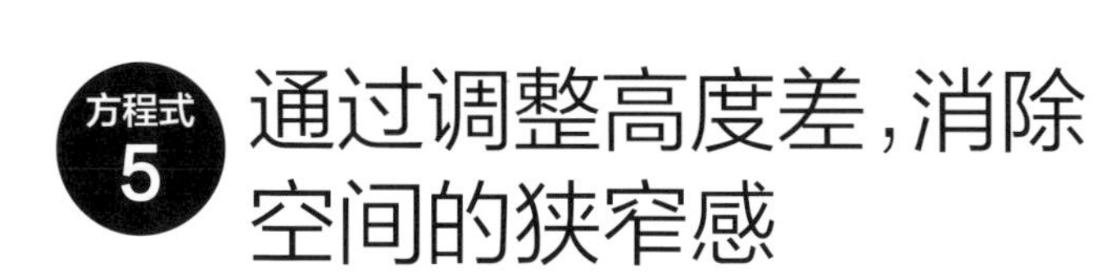

方程式5 通过调整高度差，消除空间的狭窄感

千叶县松户市

松户N宅

共2层的建筑，房顶部分从建筑物正面一侧伸出，也成了玄关的房檐。这是一个逆转式格局。1楼是卧室和拓宽的书房，2.5楼是餐厅、厨房和阳台，2楼是客厅。客厅正下方0.5层的空间作为收纳空间使用。

在餐厅设置的长凳。与外侧的阳台高度相同。

松户N宅

所在地	千叶县松户市（法22条地域）
家庭构成	夫妻
结构	木制2层建筑
用地面积	101.56 ㎡
建筑面积	44.56 ㎡
总建筑面积	91.12 ㎡
摄影	井上洋子

原则1：窗边的高度差成为室内的檐廊

窗外有吸引人的美丽景色，但是如果一整面墙都是落地窗，那么就没有办法倚靠。将与窗户相连的地板设置成人们能够坐在上面的高度，就变成了室内的檐廊。还可以将侧面的空间当作收纳间使用。

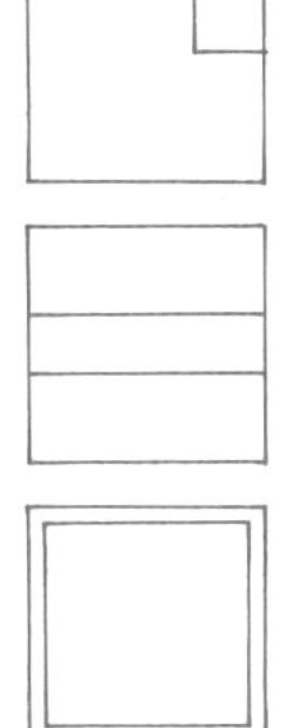

右图：厨房。左手边是连接阳台的窗户。
左图：南侧外观。窗户根据设计进行切割。

原则2：正面的窗户有三种类型

在建筑物的正面部分设计的窗户，遵从以下3个规则就不会出错：①设计在角落②纵横贯穿设计（可以是纵向也可以是横向）③整面设计（也可以是划定的面）。这里的窗户是按照①和②两个规则分配的。

原则3：1楼和2楼间的夹层可作为物品放置区域等

1楼和2楼之间温度稳定，位置也很便利，经常用于存放物品。用来收纳食品、杂货、洗涤剂和清扫用具等也不错。

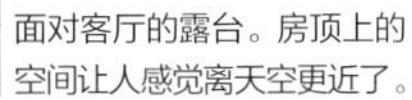

面对客厅的露台。房顶上的空间让人感觉离天空更近了。

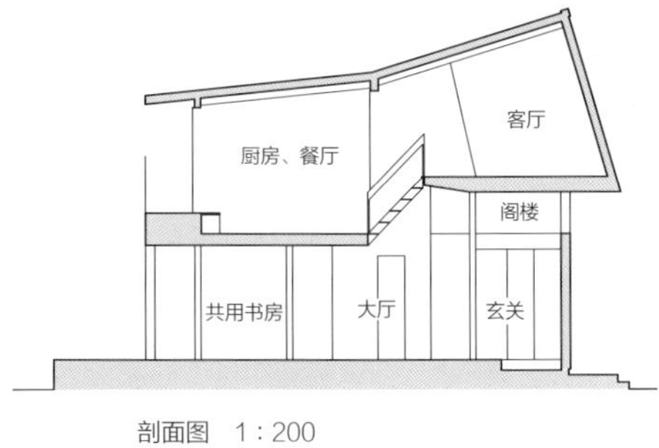

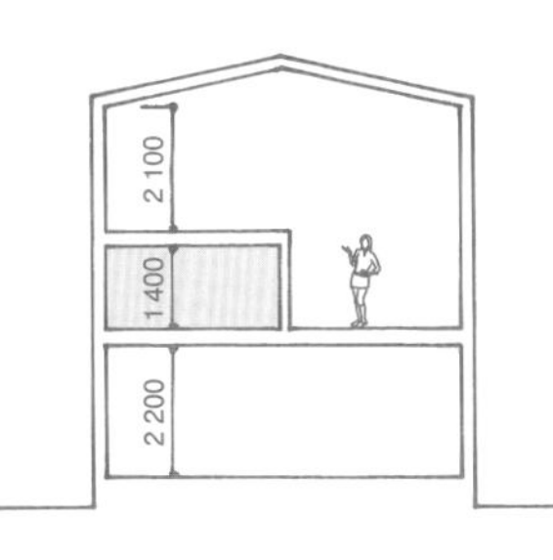

剖面图　1：200

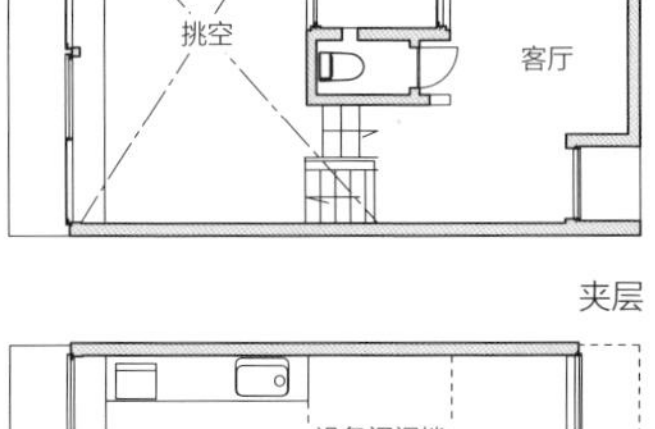

夹层

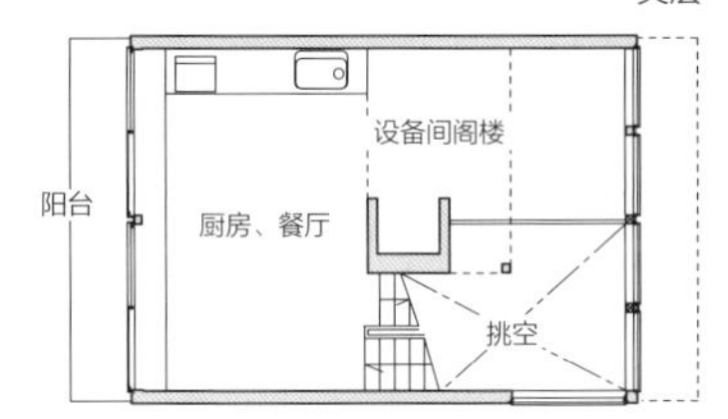

2楼

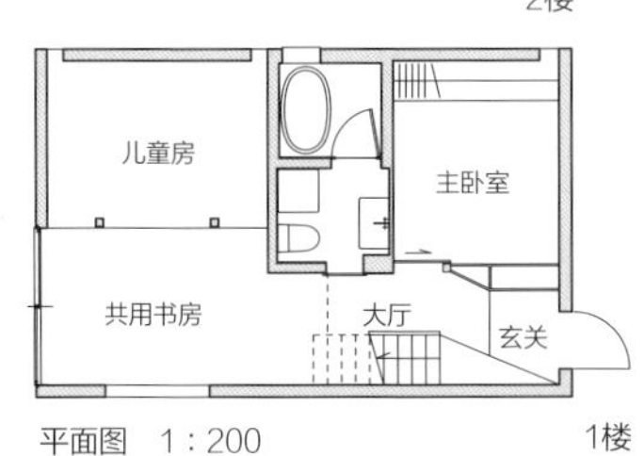

平面图　1：200

1楼

左侧的右图：从玄关看楼梯里侧的共用书房。里侧有窗户，所以视线很开阔。
左侧的左图：共用书房。夫妻可以一起使用。

东京都目黑区

目黑I宅

两代人同住的格局，母亲住在1楼，2楼和阁楼是夫妻的空间。两个区域分别设置了用水区和LDK。都是以位于南侧的客厅为中心的“空旷”的房间，北侧则是固定的用水区。子女们的物品都收纳在2楼北侧的衣橱和阁楼。

2楼的客厅和餐厅。右边是通往阳台的落地窗，左边可以看见厨房。

方程式 6 旋转楼梯是连接两代人的纽带

上图：2楼的厨房。在背后的角落设置了窗户。
右图：2楼的旋转楼梯。连接阁楼和1楼。

原则 1：按功能和空间划分

想要确保空间贯通的话，如果建筑物是长方形的，就可以延短边方向分成2个部分，这样很容易就能做到了。分出来的一部分作为用水区、卧室和收纳空间等有固定功能的房间，另一部分就可以设置一些视野开阔、空旷的房间。

阁楼平面：挑空、阁楼、挑空、走廊、收纳空间、阳台

阁楼

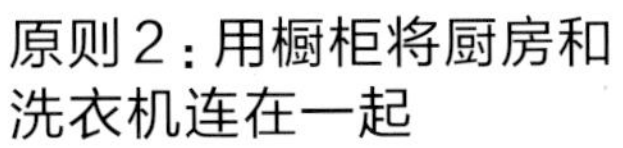

原则 2：用橱柜将厨房和洗衣机连在一起

以“轻松做家务”为目的采用的洄游动线。例如，用橱柜将厨房和洗衣机连起来的话，做起家务就会轻松许多。如果橱柜够大的话，还可以在里面熨烫衣服。

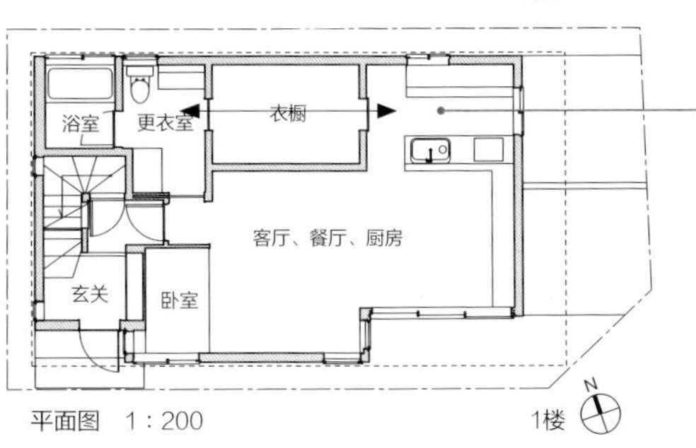

平面图　1：200

右图：1楼餐厅的样子。
左图：1楼客厅摆放的沙发。

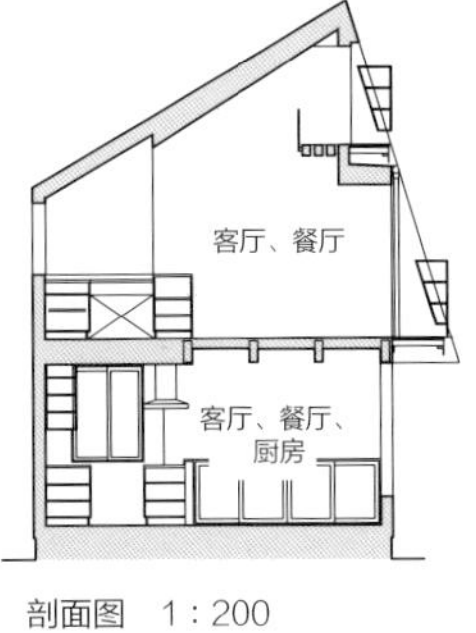

剖面图　1：200

原则 3：将强光变弱

从外部照进来的光，并不是越强越好，特别是光线强的南侧窗，透进的光线非常刺眼。这种时候，先将照射进来的光通过倾斜的天花板反射，将光线减弱之后再落入下层，这种方法很有效。这样整个房子就会沐浴在明亮的阳光里。

目黑I宅

所在地	东京都目黑区（准防火地域）
家庭构成	夫妻＋母亲
结构	木制2层建筑
用地面积	92.08 m²
建筑面积	62.81 m²
总建筑面积	137.42 m²
摄影	永礼贤

方程式 7 开放感十足的2楼空间

南侧外观。2楼有一扇大型窗户。

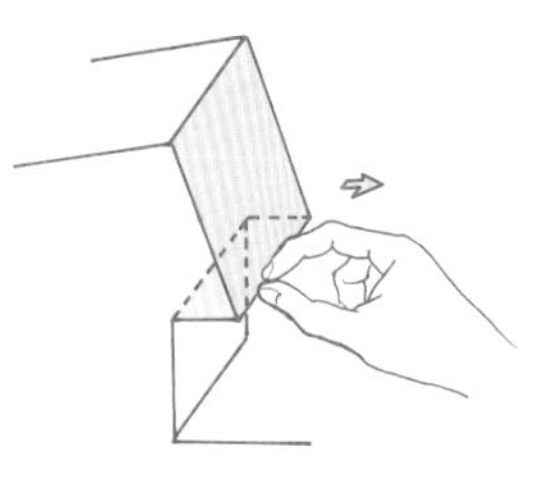

原则1：将外墙延伸出来作为玄关的房檐

将外墙延伸出来的样子。突出来的石墙部分也可以作为玄关的房檐。

东京都江户川区

江户川M宅

共2层的逆转方案。1楼配置以土间为中心的单人房和用水区。2楼的厨房、客厅和餐厅以楼梯间为中心。房顶内部中央设计了一个格子墙外观的阁楼，看起来非常空旷。2楼天花板倾斜椽子外露，椽子间距与前面提到的格子墙的间距相同。

2楼的客厅和餐厅。沿着窗户做的内部连廊（柜子）让人印象深刻。

厨房 空间1 土间

1 400 2 100 2 200

剖面图　1：200

原则2：2楼上面的阁楼

2楼的上面是室温容易升高的地方，但很容易保持干燥状态，适合存放一些容易生霉生虫的季节性衣物和毛绒玩偶等。如果确保房顶的通风，那么就可以设计一个换气用的窗户，这样就不会过热，还可以将这里当作一个多功能收纳空间使用。

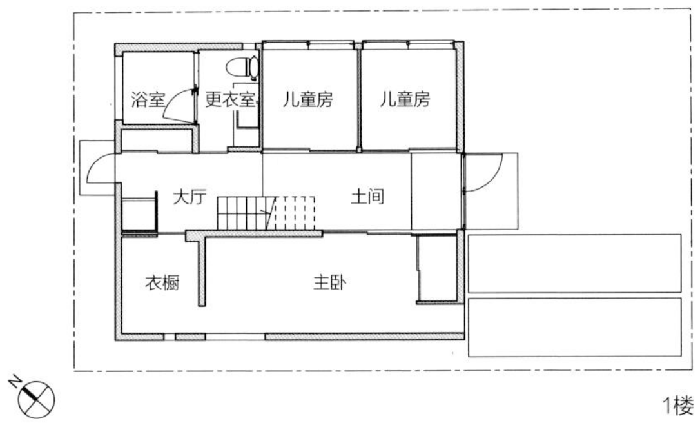

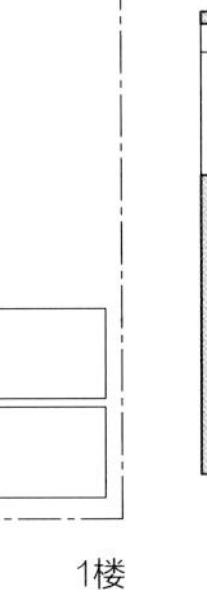

1楼

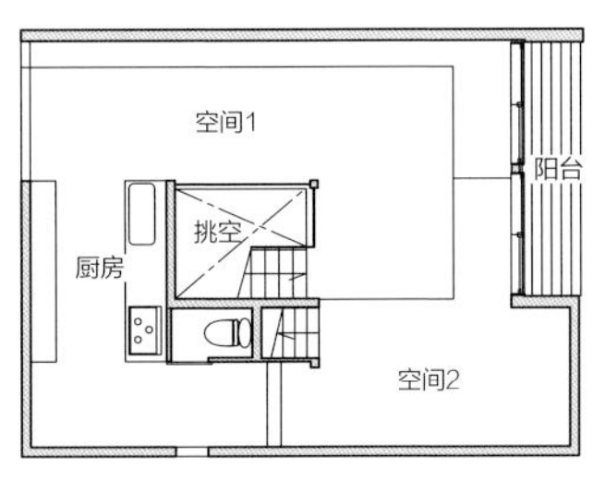

2楼

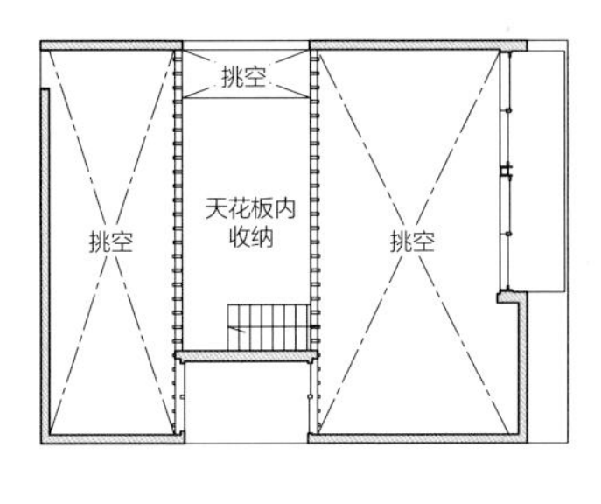

阁楼

平面图　1：200

原则3：如果要设置厕所，就放在第7级台阶下

厕所设计在楼梯下面的时候，要将马桶背朝墙壁放在第7级台阶的正下方。这样，站起来的时候头才不会撞到天花板。

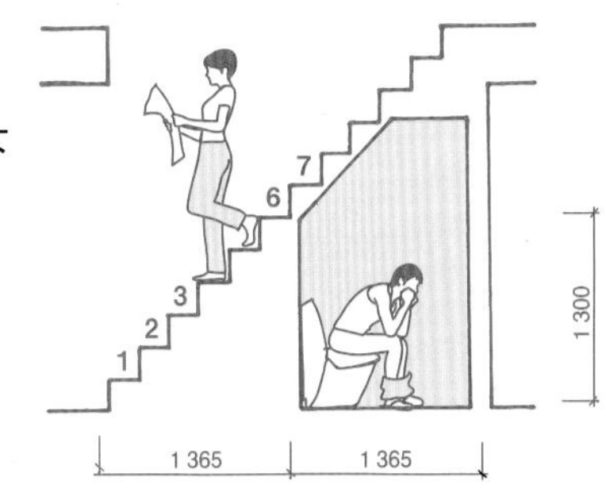

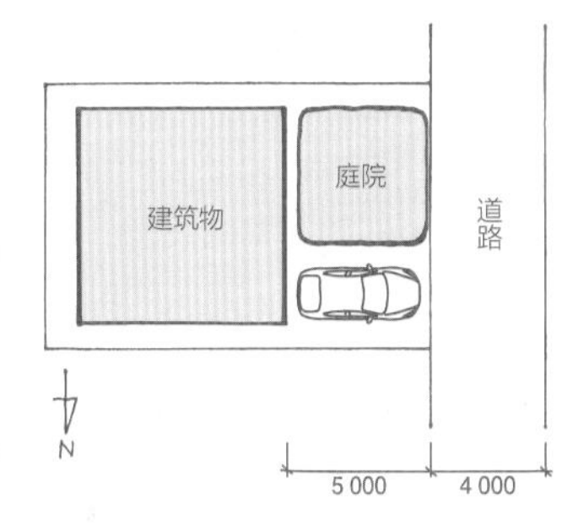

江户川M宅

所在地	东京都江户川区(准防火地域)
家庭构成	夫妻+2个孩子
结构	木制2层建筑
用地面积	109.79 m²
建筑面积	51.34 m²
总建筑面积	107.65 m²

原则4：如果道路在东西两侧的话，将路空出来

道路如果在东侧或是西侧，而且用地又非常小的时候，就不能在南侧留出充分的庭院空间。这种时候，尽量在离通路远的位置设置建筑物。如果采光要求不高，道路一侧的采光就足够了。

左侧的左图：2楼厨房。高高的天花板赋予空间开放感。
左侧的右图：从2楼阳台一侧看厨房。上面是阁楼。

从和室看楼梯和大厅。

方程式8 拥有小2层的明亮平房

神奈川县平塚市

平塚K宅

基本上是平房加上一个小2层的格局。1楼是LDK、2个和室、大收纳间和用水区等，上面是儿童房和阁楼构成的2楼。2楼的部分设置了大型窗户，外面的光线穿过竹帘状的狭窄通道、楼梯和挑空空间照到下层。

从大厅看玄关，设置格子窗隔开。

原则1：让格子窗发挥作用

木制格子窗可以让光线、风和气流通过，同时在某种程度上也可以起到遮蔽作用。将其设置在玄关，可以适当地遮挡视线。

客厅和餐厅。天花板很高，椽子露在外面。

西侧外观。玄关的门廊是凹进去的。

南侧外观。2楼的大窗户很有特点。

原则2：简单地将房檐延伸出来

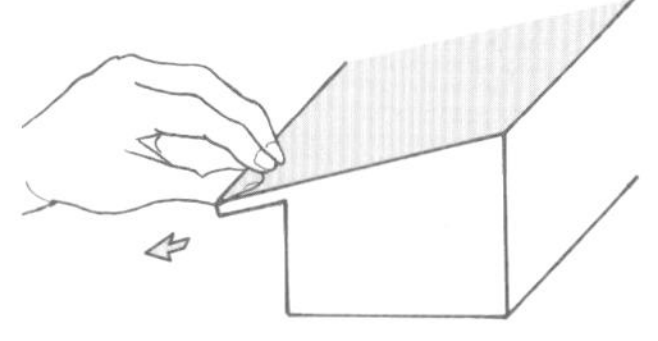

房檐可以遮挡日照，还可以防止外墙被雨水淋湿。这个实例是将房檐从梯形的立体建筑中延伸出来。

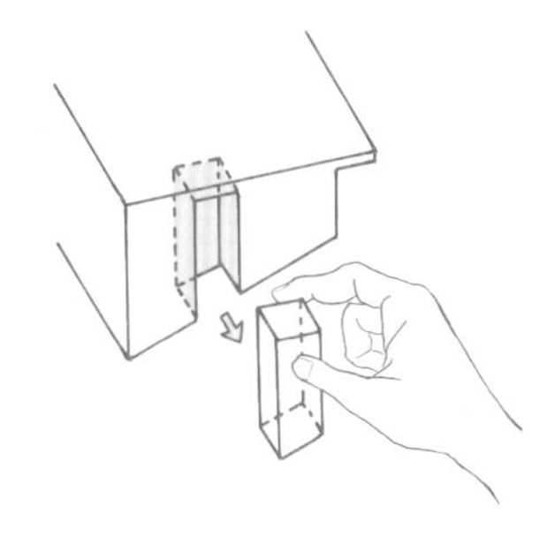

原则3：将玄关的门廊设计成凹型

玄关的门廊不能缺少屋顶，如果将长方体建筑的一部分挖掉，自然而然就有了房顶。另外，凹进建筑物里面的玄关门廊让人有一种“不容易被看到家里面”的安心感，外观也很清爽。

从内侧（儿童房）看2楼的大窗户。下方是一个方形的T台。

原则4：眺望窗为格局加分

眺望窗就是把外面广阔的景色像画一样框在窗框内的独特窗户。也可以特意将窗框设计成画框来强调“裁剪感”。

原则5：平房的采光也可以很好！

平房因为面积有富余，总给人一种“阳光充足”的印象，但是如果本应是两层楼的空间设计到了一层的话，光线便很难照射到中心部分，即使是白天也经常很昏暗。像本案例，如果在平房的中间设计一个小规模的2楼，就可以从那里获得采光。

A

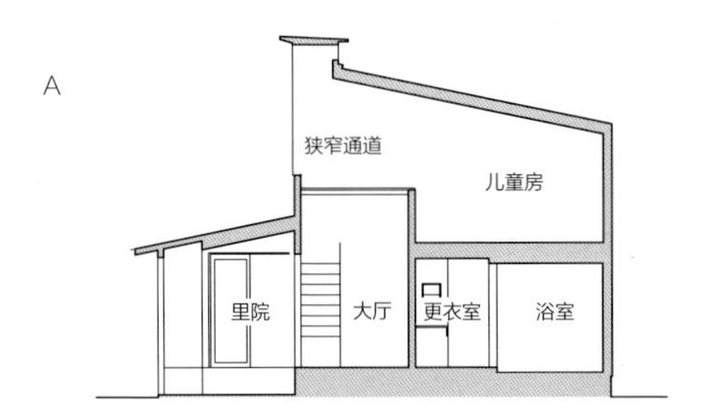

B

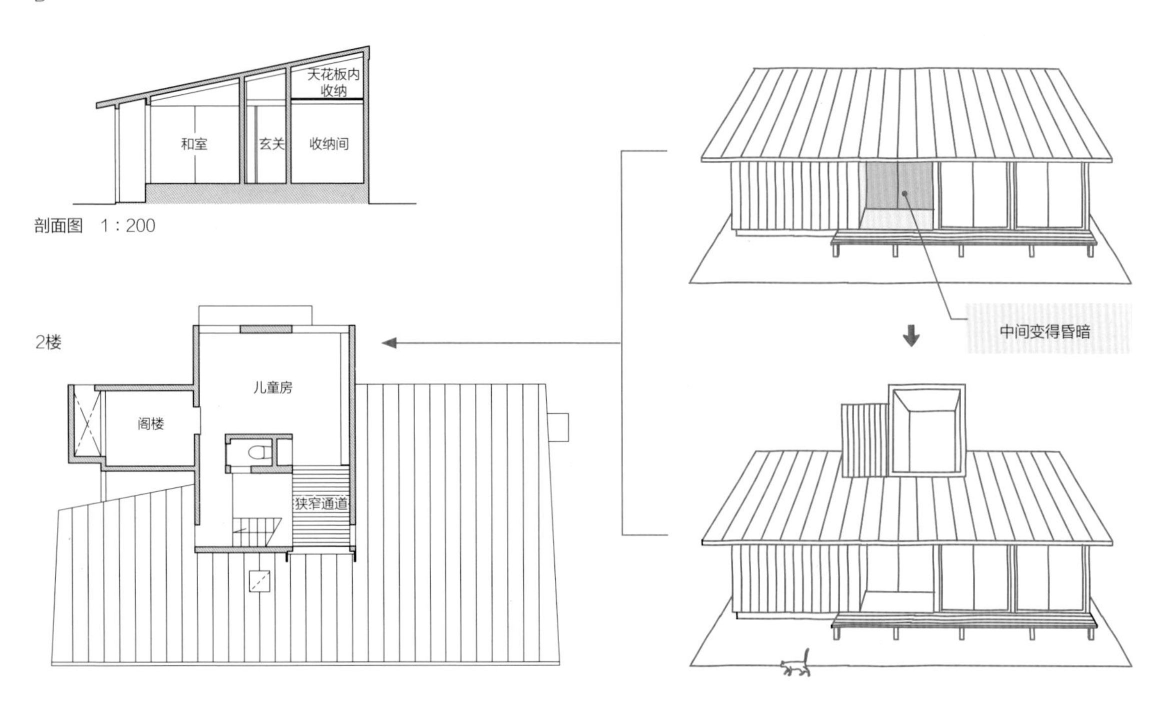

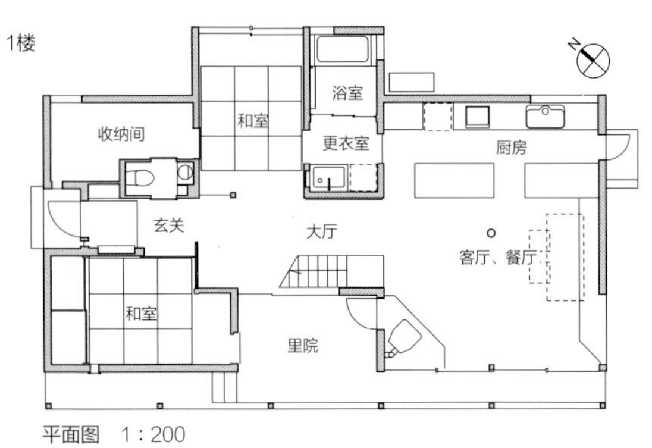

平面图　1：200

平塚K宅

所在地	神奈川县平塚市（法22条地域）
家庭构成	夫妻＋1个孩子
结构	木制2层建筑
用地面积	425.86 ㎡
建筑面积	106.74 ㎡
总建筑面积	117.20 ㎡

4 小家格局的规则

从便于生活、降低建筑费用和扩大庭院等理由来看，
不论是城市还是郊区，近年来小面积的住宅都在持续增多。
本章从基本的房屋面积考虑，介绍了小家格局的规则，
以及在狭小用地上修建3层木制建筑的格局设计手法。

设定各房间必要面积的15个原则

什么用途的房间，需要多大的面积，应该设计在什么样的位置呢？这里用建在郊外、家里有孩子的住宅为例，来考虑格局和面积。

解说：岸未希亚　摄影：川边明伸

这样的住宅里最重要的空间无疑应该是客厅和餐厅。因为这是家人们聚在一起看电视、吃饭和聊天的地方，所以占整个房子20%~25%的面积比较合理。在设计中加入开放式厨房和和室，不仅仅在面积上感觉宽敞起来，家人间的心灵交流也能自然而然地多了。

儿童房的设置也是一个重点。这很容易理解家长们都想给孩子布置一个漂亮房间，但是在孩子的成长期间，家人对孩子的照顾和陪伴才是最重要的。比起大房间，我更建议将孩子既能学习又能娱乐的房间设置在离家人共同空间近的地方。

只要不搞错重要事情的优先顺序，就能够均衡面积，做出一个让人能够舒适生活的家。

御殿场的家

所在地	静冈县御殿场市
家庭构成	夫妻＋2个孩子
结构	木制2层建筑
用地面积	201.28 ㎡
建筑面积	83.21 ㎡
总建筑面积	129.16 ㎡

东侧外观。建在郊外比较广阔的用地上。

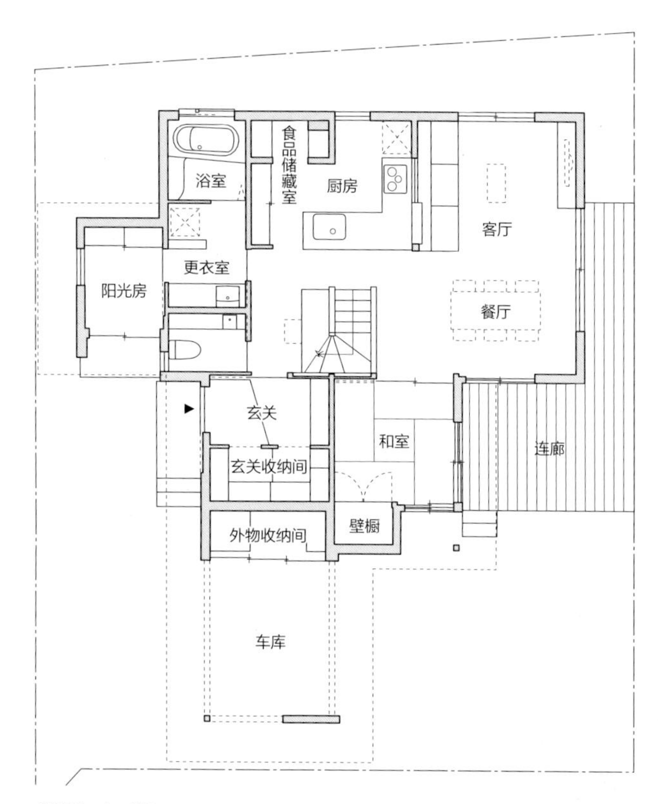

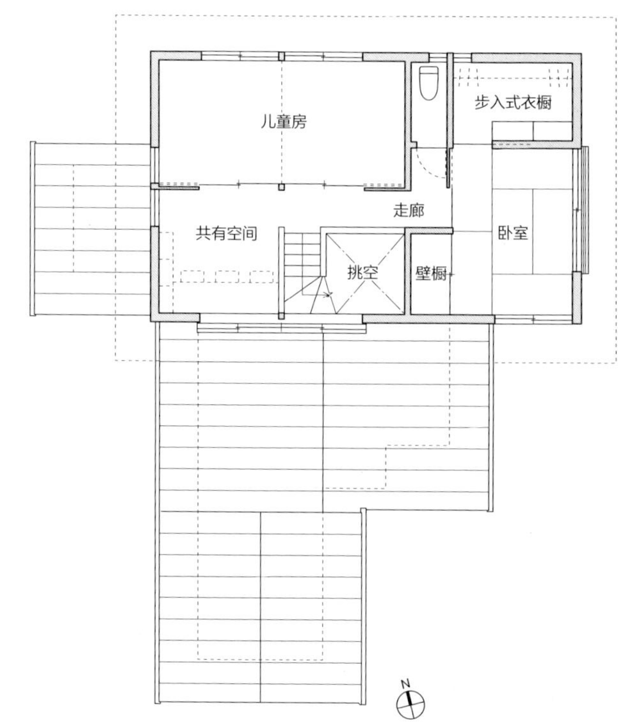

平面图　1：150　　1楼　　2楼

原则1 客厅、餐厅：以餐厅为中心，客厅紧挨墙壁

最适合面积：12叠以上

从餐厅看客厅。在落地窗的前面可以看见露台。

如果客厅和餐厅的空间不是特别大，则以餐厅为中心来设计客厅比较好。如果有一个多功能大餐桌和宽敞、舒适且高度稍低一些的椅子，就不需要沙发了。

以餐桌为中心的餐厅，可以放在房间的正中间。如果想要客厅看起来更清爽一些，将客厅设置在被围起来的或是紧挨着墙壁的安静的地方比较合适。

原则2 外物收纳：将外物收纳空间也设计成家的一部分

最适合面积：1叠以上

户外用品可以收纳在玄关，但是园艺用品和车载用品这样不太干净的物品比较多的话，就必须得有一个外物收纳空间。也可以考虑将成品储物柜放在显眼的位置。但我还是建议尽可能将储物柜设计成房子或车库的一部分。

将外物收纳空间设计在车库的话看起来很自然，但是如果想设计在家里的话，就要与外墙融合在一起，或是动脑筋设计在从道路上看起来不显眼的地方。

设置在家和道路之间的外物收纳空间。

厨房有各种类型，大体可以分为面对面型和面壁型两种。面对面型可以将手里的动作隐藏起来，干活的时候可以看见整个房间，因此，很多人都比较喜欢这种类型。这种格局的难点是需要一些空间，还要考虑换气扇和管道的配置问题。

面壁型与之相反，最适合空间有限制的LDK，如果将餐厅一侧围起来，也能成为安静的工作空间。不论是哪种类型，都不能欠缺对家务动线的考虑。

原则3 厨房：使用方便、与LD的连接很重要

最适合面积：4叠以上

从厨房看客厅、餐厅。

从餐厅看连廊露台。

原则4 木连廊：做出内与外的连续

最适合面积：4叠以上

设计木连廊的大前提是将其用作户外烧烤区和孩子们玩耍的地方，如果LDK的面积不是很大，通过加强室内地板和室外木连廊的连续性也能让室内空间看起来大一些。如果在门窗处使用能够凹进去的全开窗框，就能达到最佳效果。走廊本来就是一个将内外边界模糊化，让空间融合的装置。

在连廊的前面设置庭院，营造与自然融为一体的感觉也很好。除此之外还可以在连廊前面设置栅栏和长凳等，让LDK和连廊的一体感更明显。

原则 5 和室：与LDK相邻可以席地而坐的客厅

最适合面积：3~6叠

从和室看旁边的LDK。

铺设榻榻米的房间，其优点是用途多样。但如果没有明确的用途（用作卧室或练功房等），和室就会变成根本不用的“死房间”。其实一年只用来接待客人住宿几次的和室，可以放在客厅和餐厅的旁边，用作平时也能使用的、可以席地而坐的客厅。

即使不需要客厅的功能，如果在客厅周围有这样一个小小的榻榻米空间，放上被炉舒服地躺下，也能成为宽敞舒适的休息空间。

玄关：一并设计出美丽的玄关收纳

最适合面积：2~3叠

说玄关是一个家的“脸面”有点老土，但是作为迎接客人的场所，还是需要一些品位。另外，玄关处必须得有放置鞋、伞和婴儿车等物品的地方，如果附近没有收纳空间，玄关就会因物品过多而显得凌乱。

因此，在玄关附近最好设计一个玄关收纳间。如果有鞋柜的话可以将鞋收纳进去，不过在玄关收纳间做一个开放式的架子更经济实惠，可以用来挂衣帽。另外，在动线方面，可以设计成从土间和地板两侧都可以出入的，不需要往回走，非常方便。

玄关大厅。右边是玄关收纳间的入口。

洗脸台和洗衣机并排摆放的2叠大的房间。这是常见的最小面积的洗脸更衣室，从功能方面来说这样就很充分了。但是，如果可以的话再扩大一些，做成一个洗脸台和收纳一体的有富余空间的比较好。

另外，清爽的台面和别致的洗脸池组合在一起，在墙壁的一面铺上瓷砖，并在镜子的上下安装间接照明，像酒店的化妆间一样。这种时候，为了不破坏氛围，最好将洗衣机等生活家电巧妙隐藏起来。

原则7 洗脸更衣室：让空间更富余些

最适合面积：2叠以上

从洗脸更衣室看阳光房。

能够享受美景的整体浴室。

原则8 浴室：想办法消除狭窄感

最适合面积：2叠以上

如果没有设计整体浴室的空间，但又能看见庭院和景色时，可以在窗户的安装方法上下功夫。当然，避开外来视线的设计也必不可少。建议通过建筑物的形状和外部结构来建造一个沐浴空间。

半整体浴室在墙壁和天花板润饰以及窗户安装方法等方面的设计自由度很高。室内一侧的隔断使用玻璃材质的话，就会让人产生浴室与更衣室是连续性的，视觉空间也会变得宽敞。

原则9 简易车库：同时决定格局和配置

最适合面积：6叠以上

和建筑物融为一体的带屋顶的车库。

确定建筑物的格局、玄关的位置以及和道路之间的关系后再决定简易车棚的位置。基本上都是倒车入库式车库，用地小的话，要考虑包含侧方位停车在内的所有可能性。

如果是带屋顶的车库，最理想的就是设计成和住宅一体化的屋顶。如果要单独建造的话，就要考虑和建筑物的融合性。

原则10 家务角：可以共用也可以专用

最适合面积：1叠以上

在客厅的一角做一个桌台，既可以当作家人共用的电脑桌，也可以当作做家务的地方。如果在厨房和食品储藏室的一角准备一个专用的家务桌的话，那么就更加理想了。

设置在楼梯间的家务角。

原则11 儿童房：根据孩子的人数和成长阶段进行划分

最适合面积：3.75~6叠

儿童房的格局对孩子的性格也会造成一定影响，可以说它是影响家人自然沟通的因素之一。另外，儿童房的使用时间其实也没有那么长。在孩子们上小学前不可能一个人住，独立之后儿童房又成了多余之物。

根据孩子的人数设计，只用于儿童房的房间，最后可能都会变成宽敞的收纳间，造成空间的浪费。孩子的成长对于住宅来说是最大的一个变化，因此，建议不要将房间固定化、限定化，要考虑其他用途的可能性。

没有设计墙壁的儿童房。

步入式衣橱。

原则12 步入式衣橱：不增加费用让房间更清爽

最适合面积：3~4叠

设置一个步入式衣橱会让房间变得很清爽，还可以用作更衣室。另外，不设置门窗更经济实惠。1间大小的步入式衣橱，两侧都用来挂西装的话，中间的通道就太窄了，因此，建议在一面设置挂衣杆，上面做一个架子，另一面可以直接摆放市面上很便宜的衣物收纳盒。

从榻榻米的卧室看儿童房。

原则13 卧室：床也很好，但榻榻米更加万能

最适合面积：4.5~8叠

如果是和室，即使只有4叠半大小也能铺两床被子，但是如果要摆放2张单人床的话，就需要6叠大小的空间。孩子还很小，需要和孩子一起睡觉的家庭，和室有6叠大小就足够了，如果使用床的话就需要7~8叠大小的空间。

如果没有将卧室和客房分开设置的富余空间，建议在卧室使用榻榻米，因为家人可以和孩子睡在儿童房，将卧室让给客人住。

在2楼楼梯旁边设计的共用空间。

原则14 2楼共用空间：将卧室与儿童房适当缩小，得到共用的书房

最适合面积：3叠以上

如果卧室和儿童房太紧凑的话，就无法设计读书和学习的空间。相反，如果主动将这些空间设置在房间外面，或许更有利于父母与孩子之间的自然沟通。

如果将空间设计在1楼，那么家人之间的交流就更直接。如果将空间设计在儿童房附近，看起来就像是一个学习房。如果设计了3间以上的儿童房，最小的孩子还没长大的时候，其中的一间就可以当作共用空间使用。

在楼梯的周围设计的挑空。

挑空：将光和人的情况传到下层

最适合面积：3叠以上

有人觉得挑空浪费面积，但其实它有很多优点。如果相邻住宅间隔太近，挑空有利于1楼采光，还能作为1楼和2楼的连接，让空间显得更宽敞。挑空最大的优点就是让1楼和2楼不断开，建议有孩子的家庭一定要设计挑空。

小家格局的14个原则

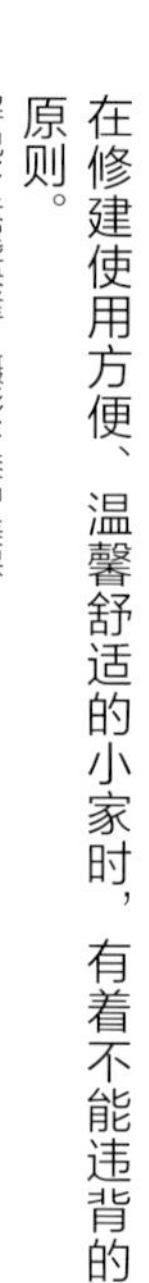

在修建使用方便、温馨舒适的小家时，有着不能违背的原则。

解说：关尾英隆　摄影：漆户美保

六川家的外观。

六川的家

所在地	横滨市南区
家庭构成	夫妻+2个孩子
结构	木制2层建筑
用地面积	176.21 m²
建筑面积	58.62 m²
总建筑面积	89.99 m²

说起小家，人们很容易想到房间小，收纳空间少，不设计书房等特殊房间的格局，整个家都简单地被设计成小巧玲珑的样子，可是这样只是单纯地将面积变小，并不能让人觉得温馨舒适。即使是小家，也要确保必要的房间尽可能宽敞，收纳空间也要留足必要的大小，书房等能让人沉静下来的房间也要尽可能设置。这并不是空想。均衡地分配房间，在动线上下功夫，以及巧妙地省略或灵活运用走廊，如此一来，这里列举的各项都可以实现。

比如，LDK比较小的话，一般的做法是在庭院里设计一个大大的连廊，当成外部客厅来使用。此外，想要在视觉和感觉上扩大空间，可以设计一个窗户或挑空，或和周围的单人间连起来等，有各种各样的方法。

但是，由于小家的一个房间有多种功能，这就可能导致在狭窄的动线时常会冲撞他人，设计时一定要注意这一点。在这之后的解说中还有与家务室、晾晒室有关的内容，例如在小家，晾洗衣物这种“有生活感”的场景很容易进入眼帘等情况，要尽可能考虑周到再做设计。

近年来，夫妻一同工作的家庭越来越多，为此，我也介绍了一些应对特殊情况的对策，希望能够作为小家建造时的参考。

原则1 有孩子家庭的衣物晾晒整理动线

对于有孩子的家庭，很多人都说在外面晾衣服时不能照看小孩，令人担心。如果可以一边照看孩子一边在家里轻松晾晒，就十分方便。考虑到动线的话，在家务室或洗脸更衣室等离洗衣机近的空间设置晾晒场所最好。雨季、花粉季或雷阵雨多的时候也能在室内进行晾晒，非常方便。另外，考虑到如整理衣物等家务是在孩子睡着以后进行的，如果在附近设计一间榻榻米和室就能够轻松地做完一连串的家务。

原则2 夫妻共同工作的家庭里女主人最短的家务动线

在夫妻共同工作的家庭里，女主人在早上短短的时间内要完成很多家务，这时候家务动线就变得非常重要。厨房、洗涤区、洗脸化妆台等都设计在一起的话，就能利落地完成所有家务。

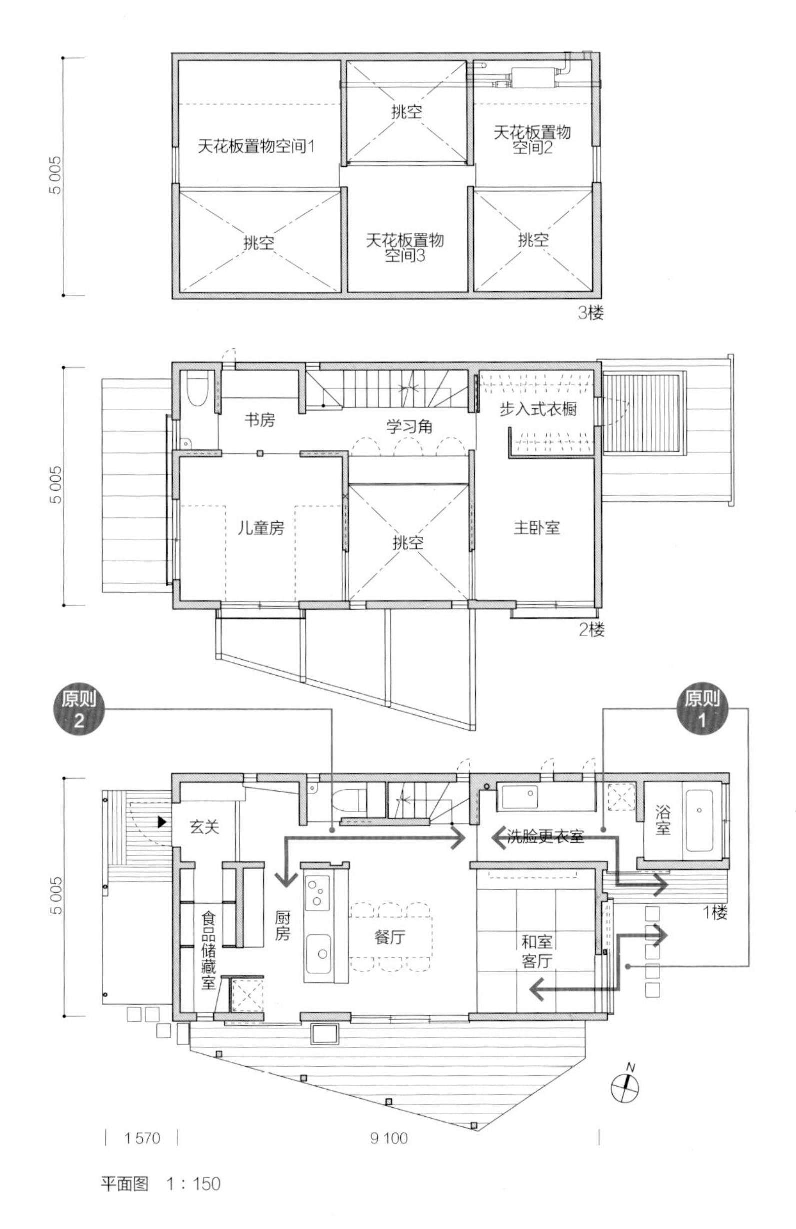

平面图 1：150

有晾晒室的洗脸更衣室。

原则 3 必须设计连廊

越是小家，越要尽可能地设计连廊。家里的面积再小，连廊和露台多少都能让空间看起来更宽敞。当然，每平方米的费用与住宅相比也要便宜得多。另外，有了便于到户外放松的外部空间，组织活动或举行派对也容易了，这些各种各样的活动会让生活变得丰富多彩。

原则 4 不要客厅，设计一个和室榻榻米客厅

小家很难保证客厅空间的大小，这个时候建议设计一个和室榻榻米客厅。像西式房间一样不需要家具，所以也不需要太大的空间（实例的空间大小约为4.5叠），这里除了是用作放松心情的地方，还可以用作孩子白天睡觉的空间、叠衣服等的家务空间以及客人来时的待客室、卧室等。为了实现多种用途，门窗和卷帘等最好做成可以完全打开或完全关闭的样子。

有客厅功能的和室。

设计了秋千的连廊。

原则5 可以将各种物品收纳起来的食品储藏室

厨房里，食材、调料、厨具和餐具等乱七八糟的东西有很多。如果没有一个将这些东西都收纳起来的地方，厨房和餐厅就会被各种物品包围。设置一个小型厨房收纳空间很不错，但是在厨房的角落或旁边设计一个食品储藏室最简单直接。食品储藏室可以只设计简单的架子，或者干脆不设计架子，直接将成品架放进去。由于食品储藏室无论如何总会变得乱糟糟的，因此，入口最好设计在从客厅和餐厅等很难看见的地方。另外，为了将买来的物品立即收纳起来，最好将其设计在离玄关和后门近的地方。

原则6 不能缺少的玄关收纳间

在有孩子的家庭里，像婴儿车和雨具这类多是在外面使用，但想放置在家里的东西还是很多。如果只用现有的鞋柜，肯定放不下，所以需要在玄关一侧设计一个玄关收纳间。除此之外，运动用品和户外用品等想收纳在家中的物品都可以放在玄关收纳间里，用起来非常方便。地板可以做成土间，但是取鞋子的时候脚下会弄得很脏，不太方便，因此，做成室内地板会更整洁一些。

从玄关收纳间看玄关大厅。

设计了桌子和收纳架的食品储藏室。

原则7 将晾晒场所设计在1楼

印象中，晾晒场所一般都会设计在2楼，但如果生活的中心、客厅、餐厅、浴室、洗脸更衣室等都在1楼的话，晾晒场所最好也设计在1楼。这样家务动线就会变短，洗、晾、叠等一系列工作就能轻松完成。再者，最好设计在离更衣室、家务室还有洗衣机近的地方，或者设计在从客厅和餐厅看来不起眼的地方。当然，外观也要设计得不起眼一些。

原则8 设计一个家务室，不将家务带进客厅

客厅和餐厅是家里的"门面"以及休闲娱乐的场所，也是用来招待客人的公共区域。这样的地方与有生活感的东西还有家务工作一点也不相称。因此，设计一个可以放置家务工具的空间，就不用担心把有生活感的家务带进客厅了。家务室一般设计在盥洗室和食品储藏室里面，在那里设置家务用的桌子和工具收纳空间。如果将家务室设计在洗脸更衣室，就可以在洗脸台的旁边设置一个很大的家务用桌子。

很宽敞的家务室兼作盥洗室。

家务室房檐下设计的晾晒场所。

有效利用2楼没有被隔开的儿童房

儿童房是非常难处理的地方。孩子在上大学时就搬出去了，所以儿童房的使用时间不到10年。就这么变成储物间太过可惜，所以儿童房可以尽量做得小一些，墙壁最好也做成可拆卸的。根据性别和家庭关系，也可以不设计隔墙，而是仅仅利用家具等做出简单的隔断。如果设计学习角的话，有3叠大小就足够了。

原则10 学习角最合适

在如何设计儿童房的问题中，包含了在哪里学习这个主题。在小家中儿童房很小，因此将学习角设计在房间外面比较理想。而且，如果在儿童房附近的走廊设置一张靠墙的桌子，那么不需要专门的房间就能设计出一个学习角。另外，最好将学习角设计在挑空空间的附近。这样在确保和家人交流的同时，也有了适当的距离，可以集中精力学习。

挑空旁边的学习角。

将来打算在中间安上隔断的儿童房。

原则11 将睡觉变得与众不同的小小主卧室

如果卧室只是用来睡觉，那么就没有必要做得那么大。即使床的种类不同，在5~6叠大小的空间里也能够放下2张单人床。不过这样一来除了床和必要的移动空间外几乎什么也设置不了，所以可以在附近设置一个步入式衣帽间，确保能够收纳卧室的物品和衣物。

原则12 可以选择开放式书房

“如果可能的话，我最想要的就是书房。”这里的“如果可能的话”很重要，如果实现了这个，就能大大提高业主的满意度。但是，用墙壁围绕起来的单人房需要一定的空间，小家中的书房，设计在走廊和房间的角落是最合适的。但是，最好是设计在走廊的里面或者房间的角落这种人比较少的位置。

设置在走廊边的书房。

从步入式衣橱看主卧室。

原则13 玄关的快递放置处

最近，不论什么东西都要网购的人很多。并且，由于夫妻共同工作的家庭也在增加，在家里签收快递成了一个重点。当然，有些物品如果购买人不在家是不能签收的，不在家的时候快递员可能会将物品放在门口。这时，很多住户会因为没有设计放置快递的场所而非常焦虑。在玄关门廊设计一个兼放快递的长凳就可以解决，这样即使不在家时也可以将快递收在不起眼的位置。

原则14 走廊的尽头不能是墙壁

不管视线开阔与否，小家都可以营造出很宽敞的感觉。其中，走廊是视线开阔的重点，所以要有效地利用。但是，不管走廊有多长，如果尽头是墙壁的话，就会大大降低视线开阔的效果。因此，对于走廊来说窗户是必须设计的，如果走廊尽头设置成厕所的话也要设计一个推拉窗。在走廊的尽头设计一个窗户，可以确保视线的开阔性。另外，走廊是通风的地方，从这一点来看，走廊尽头也不能是墙壁。

玄关前面的走廊尽头设置了窗户。

玄关门廊的长凳兼作快递放置处。

小户型设计的36个要点

建筑物背面的木制框架。主体的柱子和横梁分别采用柏木和花旗松木。（AUBE工作室）

要点1 控制建筑成本的建筑材料选择方法

基础采用便于施工的底板基础。地基和柱子采用人工干燥材料。尽管1.20 m长的角材最为理想，但为了控制成本，使用1.05 m长的角材。柏木运输方便，防蚁效果和耐久性也很好。除了柏木，管柱也可采用1.05 m长的杉木。横梁则可选择花旗松木。

选择填充绝热材料的前提是绝热性，可采用玻璃棉以节约成本。施工精度直接关系到性能，所以要严格监理，承重构件采用板材，以营造易于施工的环境。屋顶和外墙多采用镀铝钢板，既节约成本，又具有创造性和耐久性。

重视人力和时间成本，例如，湿式加工的施工、养护和干燥需要大量的时间，导致成本增加。选择材料时应充分考虑上述因素。

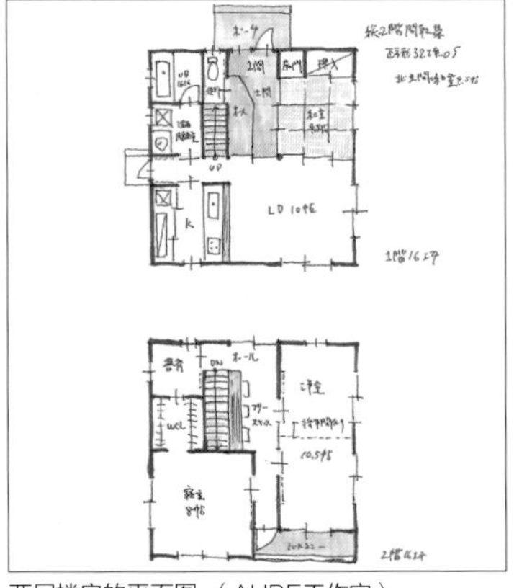
两层楼房的平面图。（AUBE工作室）

要点2 控制成本的条件下可优先考虑正方形的两层楼房

打造低成本建筑，应首先考虑正方形的两层楼房。与相同面积的正方形建筑相比，细长形建筑的外墙面积更大，同时，隔热材料、柱子和内部装修的面积也会增加。

同样地，如果建筑的外立面凹凸不平，外墙面积也会增加，并且这种结构的角落会很多，需要使用大量的特殊材料，从而导致成本增加。

当然，除了正方形的两层楼房，也可采用带中庭的内凹式建筑，即使成本稍高一些也没有关系，因为中庭的使用效果与费用是成正比的，尽管在实际生活中，效果与费用不一定完全对等，可针对中庭的必要性向业主多做说明。

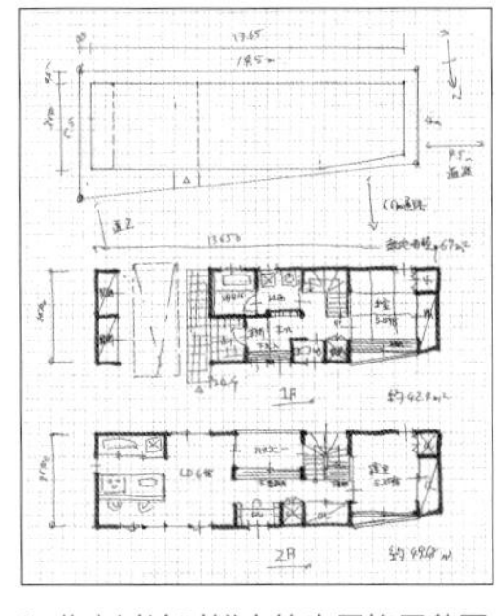
和业主讨论时拟定的房屋格局草图。两层的建筑依照业主的要求设计得格局紧凑，错落有致，与原来的格局完全不同。业主当场就签订了临时合同。（AUBE工作室）

要点3 节省房间格局成本的具体方法

左图案例采用倒算方式，先根据成本估算出使用面积总和，在用地范围内，将一二楼的外形打造成性价比高的正方形，室内则采用拼图式设计。这两层楼内可以设计客厅、餐厅和厨房。

先了解业主喜欢的颜色，再设计房间格局。这样，业主的要求可直接反映到房间格局上，提高了设计的精度和速度。同时因返工次数减少，也节省了时间和费用。

既要满足要求，又要降低成本，有时仅从整理走廊等动线着手，也可让房间焕然一新。另外，简化图纸上没用的线，减少施工面积，如儿童房、日式房间和书房等房间内的隔断墙可适当省略。

木制三层楼房。东京的普通居民区中，狭小用地较多。同时，可建造三层楼房的地区也很多，满足了一些业主的需求。（田中建筑工程公司）

要点4 在木制三层楼房中增加使用面积

狭小用地没有高度限制的问题，如果容积率大，可采用三层楼的建筑结构。特别是高度限制为三层楼高的地区，如果不充分利用这个条件，就可能导致采光和视线效果不佳，所以会经常采用三层建筑。

三层楼房可以建成各种结构的，从成本方面考虑，木制结构比较好。柱子、楼梯和外墙采用防火结构，并设置在原有木制结构的延长线上，既便于施工，又可节约成本，此外还与屋内木工装修相配合，容易设计。

三层楼房需重视平面设计，一般把客厅、餐厅和厨房设置在二楼。虽然这样设计会增加上下楼负担，但与楼上、楼下的单独房间相比，将客厅、餐厅和厨房集中到一起会更方便。此外，三楼的景致较好。建议根据业主的优先次序决定。

原则5 充分利用狭小的旗杆状用地的顶端部分

旗杆状用地的玄关周围。通道种植地被植物和灌木。（奥山裕生设计事务所）

旗杆地是不规则形状用地中比较难处理的代表之一，但如果能活用其特征，也能设计出很好的住宅。

难以处理的“杆”的部位，一部分用作停车场，剩余的部分活用为庭院。若只是普通庭院就罢了，但因为是独门独院，景观元素丰富的庭院恰是其妙趣所在，可以适当设置植栽、铺路石、沙砾和照明灯，将其打造成一条富有情趣的通道。

住宅的四周被包围，很难确保隐私、采光和通风，左图案例是带有中庭的住宅。住宅的外侧不设置承重墙，靠近中庭的一侧设置大窗户。通过中庭，让阳光照进来，给人一种宽阔的感觉。

如果没有中庭，有效利用天窗和高侧窗也能确保通风和采光。

原则6 小户型住宅更要打造跃层

跃层，上层是厨房。（吉创意设计事务所+Atelier Como）

在小户型的住宅内打造跃层，虽然很容易给人狭小的印象，但是跃层的优点也很多。

首先，增加了收纳空间。小户型住宅往往收纳空间不足，可以将建造跃层产生的高差部分用作收纳空间。特别是一楼部分，因为将地板抬高了，其下面是大片的半地下空间，能收纳很多东西。

其次，通过跃层可营造出开阔的感觉。跃层部分的天花板变高，视线距离变长，这让空间显得更宽敞。无须减少使用面积，只通过挑空就能营造出这种效果。地板高度的变化还可以起到隔断作用，没必要再设置墙壁这也在一定程度上确保了视线的开阔。

原则7 小户型住宅更适合打造成隔热节能型的住宅

铺设纤维板的情形。因为施工者实行责任制施工，提高了施工精度。（西方设计）

小户型住宅比一般的住宅面积小，暖气和冷气都见效快，所以更加节能。试着提升住宅的隔热性能，将小户型住宅打造成节能型住宅。

小户型住宅做隔热处理是比较容易的。需要施工的墙壁、屋顶和地板面积小，隔热材料的使用量就少。做好隔热处理还可节约能源消耗，既省钱又环保。

相较于使用空调，小户型住宅更适合做隔热层，因其可快速调节温度，省电又节能。

但是，如果夏天阳光直射，室内温度也会迅速升高，所以设计时要注意避免阳光直射入房间。由于城市内住宅的房檐很少探出来，所以有必要设置百叶窗等。

原则8 临街小户型住宅的通风技巧

北侧设置高侧窗，用于采光。根据该区域的风向，在南北和东西两侧设置窗户，通风效果好。（AUBE工作室）

在城市的狭小用地上，通风是个大问题。尽管住宅密集区不利于通风，但在有风的日子，只要不是盛夏那几天，不开空调也能度过一天。

狭小用地上的建筑，可利用烟囱效应进行通风。利用热空气上升这一特性，尽量在住宅上方设置窗户，以促进室内空气流通。从城市地区的隐私性和采光角度出发，最好利用高侧窗采光和天窗通风。另外，还应充分考虑一楼窗户的位置，可在北侧设置地窗，以便通风。

最后，根据用地地形来设置窗户。在住宅密集区，因为道路变成了风道，可在道路的一侧设置进风窗。此外，宽阔胡同和附近庭院也是良好的通风场所，要好好加以利用。

要点9 如果建造小户型住宅，就放弃起居室

大餐桌占据了客厅的大部分空间，一家人可以围坐在餐桌前享受生活。（sha-la工作室）

在普通住宅里，客厅、餐厅和厨房是必不可少的，尤其是客厅这种类似住宅颜面的空间。然而，如果要控制使用面积，不一定非要设置客厅。

提到客厅，就会想到沙发和电视。但多数情况是，很多家庭即使有沙发也不坐，而是坐在地板上。并且，一家人围坐在一起看电视的时间也不多。有的时候，人们围着餐桌边吃饭边喝酒，吃完饭就直接去睡觉了。由此可见，客厅并非必不可少。

不设置客厅的话，可用一张大餐桌来代替。另外，还需配备舒适的椅子。选用大餐桌不仅仅用于吃饭，还用于孩子玩耍和学习。在餐厅设置一个可以观景的窗户就更完美了。

要点10 充分利用走廊等空间

玄关、门厅和走廊合为一体的宽阔土间。摆上家具，则可作为客厅来使用。（AUBE工作室）

即使是小户型住宅，走廊、楼梯和玄关等也是家中不可缺少的空间。设计时应考虑便利性、安全性和无障碍通过性等方面，以确定这些空间的大小。尽管小户型住宅在面积上不具优势，但这些与住宅的大小关系不大。

如果，换个角度来设计，试着将走廊和楼梯充分利用起来那么会有什么效果呢？ 例如，将走廊设置得宽一些，摆上桌椅，做一个学习角。如果是客人不会走入的地方，则还可以在墙上设置壁橱。楼梯设置在客厅旁边，可用作休息场所。如果在楼梯墙壁上设置书架，会更方便舒适。玄关设置得宽阔一些，可以兼作库房和放置自行车、婴儿车的场所，具有小客厅的功能。最后，按照希望的用途准备合适的家具。

要点11 突破常规的儿童房设计

厨房里的学习角。可作为孩子学习、大人做家务和读书的场所来使用。（sha-la工作室）

儿童房是有孩子的家庭中不可缺少的，设计时要充分考虑儿童房的必要性和宽度。

儿童房的使用时间很短，大概是从小学高年级开始的10~15年时间里。这之后则用作偶尔回家的孩子的卧室以及储藏室。

如果打算将来作为储藏室，那么尽量设计得小一些，当然也可以另作他用。

儿童房尽量设计成小型空间，可供睡觉和学习即可，包括收纳在内，6叠大的空间就足够用了。如果担心孩子在房间里闭门不出，可以把学习角设在外面，这样房间只需3~4.5叠大即可。如果有两个孩子，空间要8叠大，在中间用双层床和书架简单隔开，以后再根据孩子的性别来设置隔断。

要点12 小户型住宅的单间用门窗隔扇和家具来隔开

用架子将餐厅和榻榻米空间隔开。（伊佐HOMES）

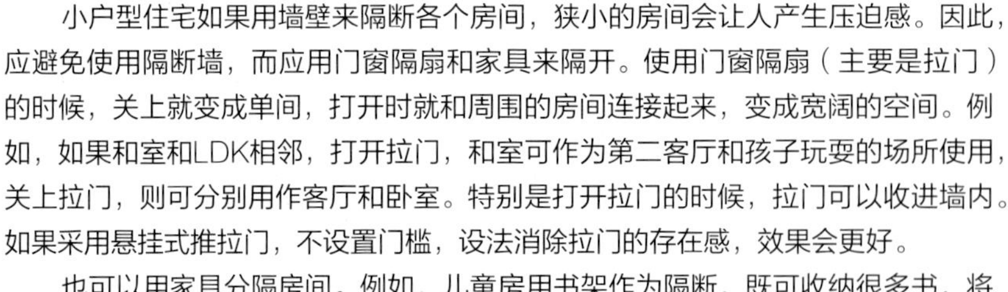

小户型住宅如果用墙壁来隔断各个房间，狭小的房间会让人产生压迫感。因此，应避免使用隔断墙，而应用门窗隔扇和家具来隔开。使用门窗隔扇（主要是拉门）的时候，关上就变成单间，打开时就和周围的房间连接起来，变成宽阔的空间。例如，如果和室和LDK相邻，打开拉门，和室可作为第二客厅和孩子玩耍的场所使用，关上拉门，则可分别用作客厅和卧室。特别是打开拉门的时候，拉门可以收进墙内。如果采用悬挂式推拉门，不设置门槛，设法消除拉门的存在感，效果会更好。

也可以用家具分隔房间。例如，儿童房用书架作为隔断，既可收纳很多书，将来也容易拆除。注意把握好家具与天花板之间的距离，以营造开放感。

要点13 充分利用小户型住宅的挑空

螺旋形楼梯上方设置天窗。通过楼梯井将透过天窗的光送到底层。（sha-la工作室）

与住宅面积无关，只要建筑超过两层，就一定会设置楼梯，而且不能设置成小型的。因此，小户型住宅要充分利用楼梯的特性。

首先，楼梯具有贯通性，贯通了一楼、二楼以及阁楼。其次，楼梯本身即具有类似挑空的效果。因此，如果住宅不设置挑空，则可以将楼梯设置在客厅旁边，再在楼梯井的上方设置窗户，明亮的阳光就可以到达下面楼层。合理进行楼梯的配置，也能确保视线开阔起来。

如果放弃楼梯下面的收纳空间，而采用镂空楼梯，则更有利于通风和采光。有效利用钢筋等材料打造横梁，使结构看起来更轻快。螺旋形楼梯外形美观，还可节省空间。当然，也要充分考虑安全性。

要点14 小面积用地更要有庭院

在建筑物的周围种上植物，并用板壁作围栏。（饭田贵之建筑设计事务所）

用地狭小更应该充分利用土地。好不容易建造独门独院的住宅，如果没有庭院就太可惜了。因此，即使稍微减少建筑物的使用面积，也要打造庭院。

那么，在哪里建造小庭院呢？答案是在建筑物和道路边界线之间的空间。可以种植矮树，营造与道路之间的界线。这样做，一方面能限制人随意出入，另一方面，绿植围墙能消除内外视觉上的压迫感，丰富住宅外观。

接下来将玄关设置在从道路上看到的一侧的里侧，将通向玄关的通道打造成庭院。在通道铺上石头和沙砾，在两旁种上植物，营造出舒适氛围，走在其中让人感觉仿佛在庭院里散步。

最后，设置中庭。城区里建筑物之间的距离很近，窗户很难打开，这样会削减生活热情，而带有中庭的住宅给人一定的开放感。

要点15 厕所和洗脸间集中到一起

将厕所、洗脸间、更衣室集中在一起。设置大窗户，以免空间显得狭窄。（饭田贵之建筑设计事务所）

由于功能不同，将厕所和洗脸间分开设计最为理想。但如果在小户型住宅里设置多个单间那么会在不知不觉中削减住宅的使用面积，并且，设置隔墙和门窗等也会令成本增加。

建议将厕所、洗脸间和更衣室合并在一起。这样，墙壁减少了，上厕所的时候也不会感到狭窄，也无须单独设置洗手池。用水房间集中在一起，也容易打扫。

但是，以最好在坐便器旁边设置高出腰部的墙壁，以便洗手时看不到坐便器。

把洗脸间和厕所并用的地方给客人使用会很不方便，最好在别的楼层单独设置一个客用厕所。

要点16 在细长的空间内巧妙设置楼梯和走廊

在住宅的中间设置旋转楼梯，可以通往各房间。各房间的门设置在楼梯走廊的周围。（松浦建设）

城市里有很多细长的用地，这些用地宽度约为4 m。

在小型用地上建造房屋应尽量减少走廊，增加房间和收纳的使用面积。如果将用地窄的一端设置成玄关，各房间入口和长走廊就会连接起来。但是这种情况下，各个楼层的长走廊可能会白白浪费，所以要有效利用走廊，使之变成学习角或收纳空间等。

正面宽度为4 m的建筑物，几乎没有空闲的地方。可以在中间设置旋转楼梯，把房间分割成两部分，即使不设置走廊也能进入各个房间。宽度窄的一端设置为玄关的情况下，将玄关到一层的中间位置设为走廊，并从这里开始设置旋转楼梯。

要点17 将卧室作为自由空间充分利用

客厅旁边的榻榻米空间。把隔扇打开，就和客厅连成一体，拉上隔扇，可以作为小客厅、卧室。（伊佐HOMES）

小户型住宅理想的状态是一个房屋有多种用途。卧室能够用于除了睡觉以外的其他用途，比较方便。

例如，将卧室与客厅连接起来。卧室地板采用榻榻米，可以铺上被褥在这里睡觉。早上把被褥收起来，打开隔扇，就变成与客厅连为一体的榻榻米空间。有客人在这里过夜的时候，拉上隔扇，可以作为临时卧室。小户型住宅如果能像这样在需要的时候能被有效利用，空间就不会被浪费。

但是，有的业主喜欢在床上睡觉，对于这种情况应多加考量，作为折中方案，可采用榻榻米地台，睡觉时在上面铺上被褥即可，并且还可根据需要将地台做成可移动式的。

要点18 将阳台设置在室内

客厅和阳台一体化。两者地板的高度几乎一致，晴天的时候往往在阳台中度过。（kitokito工作室）

即使是小户型住宅如果尽可能控制使用面积的话也能设置阳台。一般来说阳台只用于晾衣服等用途，但这样就太浪费了。如果可能，将房间与阳台连接起来，可以使房间看上去更宽阔。

通过阳台让房间显得宽阔的关键是连续性。阳台地板采用与室内地板材质相同或颜色相近的木材，就会产生连续性。如果阳台与室内地板的高度以及落地窗窗框的高度相同，会让人感觉更有连续性。当然，下雨的时候，高度一致是不利的，所以阳台四周的防水和排水措施要做到万无一失。

落地窗尽量延伸至天花板，可以增强空间的连续性。另外，窗框也要设置在不显眼的地方。经过这些处理，在阳台上休息片刻，时间便不知不觉地流走。

要点19 在小户型住宅内打造小型书房

书房一角。（井川建筑设计事务所）

很多业主希望能拥有一个书房。但是，如何在有限空间内打造一个优先级较低的趣味空间，是一道难题。这里介绍几个打造书房的小建议。

一是有效利用死角，如过小的空间、楼梯下面、阁楼、走廊尽头等，在这些空间配置上桌椅就能打造出一个书房。如果以能坐下为前提，对空间高度的要求不高，那么改造家中死角即可。

二是用墙壁等将空间分隔开。如果是死角或是房间尽头，则不必再设置隔断。但是为了不受周围环境影响，让人能够集中精神，即使只是心理上的隔断也是有必要的，可使用架子或卷帘等。

要点20 小户型住宅门窗隔扇优先考虑拉门

面对走廊的门采用拉门。（伊佐HOMES）

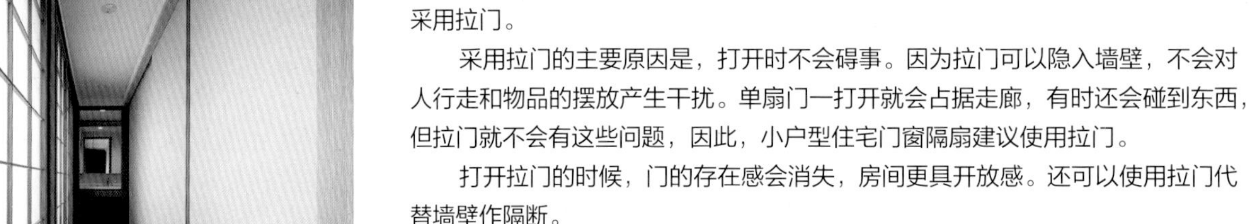

提起门窗隔扇，人们通常会想到拉门或单扇门。如果是小户型住宅，则通常采用拉门。

采用拉门的主要原因是，打开时不会碍事。因为拉门可以隐入墙壁，不会对人行走和物品的摆放产生干扰。单扇门一打开就会占据走廊，有时还会碰到东西，但拉门就不会有这些问题，因此，小户型住宅门窗隔扇建议使用拉门。

打开拉门的时候，门的存在感会消失，房间更具开放感。还可以使用拉门代替墙壁作隔断。

另外，拉门除了用作隔断外，还可以作为收纳柜的门，取东西方便，但缺点是地震的时候不易打开。

要点21 厨房考虑Ⅰ形或Ⅱ形

小户型住宅中不能变小的就是厨房。虽然厨房的形状多样，但尽量考虑Ⅰ形或Ⅱ形。优点是不会浪费空间。L形厨房的缺点是拐角处台面只能用来放东西，这块地方基本上成了死角。考虑到收纳及厨房利用率，应避免使用L形格局。

采用Ⅰ形还是Ⅱ形，要根据厨房占用面积来确定。如果不需要把厨房空间分割开的话，就用Ⅰ形。Ⅰ形厨房要在附近设置餐桌，方便摆菜和收拾，弱化厨房的存在感，还需要与客厅等周围空间相协调。厨房与餐厅距离近，方便家人帮忙端菜、收拾等。但是，从房间可以看到Ⅰ形厨房的全貌，所以厨房护墙板的选择也要注意。

Ⅰ形厨房。采用成品厨具。面向客厅的一侧与室内装修相协调。（滨松建设）

要点22 建造半地下室，扩大使用面积

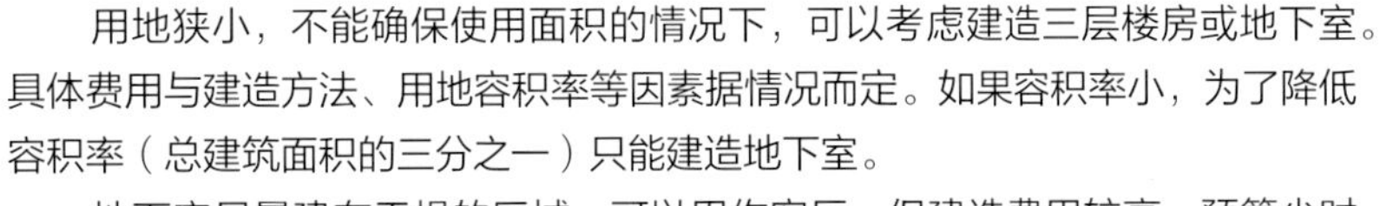

用地狭小，不能确保使用面积的情况下，可以考虑建造三层楼房或地下室。具体费用与建造方法、用地容积率等因素据情况而定。如果容积率小，为了降低容积率（总建筑面积的三分之一）只能建造地下室。

地下室尽量建在干燥的区域，可以用作客厅，但建造费用较高。预算少时，可建造半地下收纳空间加以利用。只在上方设置窗户用于采光和通风，与普通的地下室相比不易结露。可采用最普通的施工方法，但是，为了降低容积率，与地面之间的距离要控制在1 m之内。

为防止结露，应充分发挥隔热材料的效用。混凝土墙面容易产生结露，因此，在主体结构的内外侧做好隔热处理，以免日后使用空调时出现结露现象。

将一楼的地板抬高，下面作为半地下室。半地下室主要用作收纳空间。（大阪燃气住房建设）

要点23 用阁楼弥补收纳空间不足

和地下室一样，阁楼也能降低容积率（总建筑面积的三分之一）。面积小、容积率小的用地是否建造阁楼需要经过充分考虑。

对于阁楼的窗户、楼梯等，各地都有详细规定。设计时应以这些规定为基础，除此之外，还要注意以下几个设计要点。

首先要做好屋顶隔热。阁楼基本上不用作客厅，并且如果使用一般的隔热材料，那么会因为夏天太热而犹豫要不要进去。以日本建筑节能的新标准为基础，尽可能采用较厚的隔热材料，以提高阁楼的舒适感。

其次是降低阁楼天花板的高度。阁楼不用作客厅，而是作为厨房和用水房间等的备用空间。

阁楼。窗户很多，白天十分明亮。（伊佐HOMES）

要点24 将隔断设置成低矮透明的

尽可能少用隔断是最为理想的，尽管如此，必需的隔断还是要建造的。这种情况下，应采用低矮或透明的隔断，以确保视线通透，营造出开放感。

例如，客厅和餐厅之间、两个儿童房之间、客厅和厨房内学习角的空间等，往往没有必要设置隔断，所以可用及腰高的墙壁来分隔空间。这样设置既具有明确的场所性，又不会阻挡视线和破坏空间的开放感。墙壁也可用架子等家具代替，并与室内装饰协调统一。

还可以利用玻璃、聚碳酸酯墙板、百叶帘等进行隔断。这些材料与普通的墙壁相比不会带来压迫感，光和视线也可以穿透。根据私密性决定透明度以及百叶帘的空隙。

采用磨砂玻璃将空间隔开，确切地说是拉门和格窗。如此设计空间明亮，不会给人压迫感。（伊佐HOMES）

要点25 用玻璃和镜子来扩展浴室和更衣室

更衣室和浴室之间用玻璃隔开。还可通向外面，十分具有开放感。(加贺妻建筑工程公司)

浴室和更衣室的大小与住宅的大小没有关系，而是由其面积决定的。因此，浴室和更衣室显得狭窄并不是小户型住宅特有的现象，而是浴室和更衣室只要做成小型的就会显得狭窄。建议浴室和更衣室之间的隔断采用玻璃材质的。

虽然可以在浴室里设置大窗户，但无法兼顾私密性。与此相比，在浴室和更衣室之间用玻璃作为隔断，以确保私密性。还可在更衣室内安装锁。这样，视线不仅变得开阔，还营造出空间感，门也同样可以采用玻璃材质。

更衣室与洗脸间组合，墙上设置一面大镜子，不会产生不协调感，还可以实现多人同时使用。使用大镜子的主要目的是增强空间感。

要点26 用挑空确保视线距离，使小户型住宅更显宽敞

挑空。以挑空为中心，在房间和走廊上设置多个开口，消除狭窄感。(AUBE工作室)

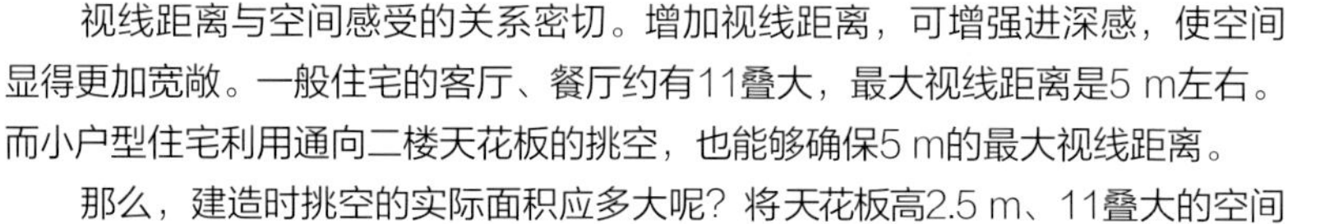

视线距离与空间感受的关系密切。增加视线距离，可增强进深感，使空间显得更加宽敞。一般住宅的客厅、餐厅约有11叠大，最大视线距离是5 m左右。而小户型住宅利用通向二楼天花板的挑空，也能够确保5 m的最大视线距离。

那么，建造时挑空的实际面积应多大呢？将天花板高2.5 m、11叠大的空间旋转90° 来设计，挑空尺寸为3.6 m×2.5 m×5 m。即变成天花板高5 m，面积是3.6 m×2.5 m，约为6叠大的空间。

但是在现实生活中，小户型住宅建造6叠大的挑空比较困难，基本上只能保证在4.5叠左右。挑空的设置，引领视线一路仰视，让空间看起来更加宽敞。当然，最好是将挑空设在客厅的楼梯上方。

要点27 活用大窗和角窗扩展空间

面向客厅露台的一侧采用落地窗。客厅空间与室外连成一体。(kitokito工作室)

窗户能够让视线穿过，增强空间感。所以小户型住宅里，窗户的设计是关键。

首先，最好设置大窗户。例如，在客厅设置一面大窗户，上通天花板，左右连接两侧墙壁。可以将室外空间与室内空间连为一体，营造出开放感。

其次，建造挑空。在二楼设置窗户，能扩大视觉空间感，让空间变得更宽敞。但在窗户变大时，也要注意保护私密性。另外由于阳光直射，包括客厅在内的房间应设法阻挡日照和来自外面的视线。

在走廊尽头、玄关、墙角、家具间的空隙等视线穿过的地方，适当设置窗户，无论窗户大小，都会制造出一定的空间感。

要点28 采光窗户用磨砂玻璃

天窗采用磨砂玻璃。既能保护隐私，又能采光。(AUBE工作室)

窗户的设置应当能够兼顾光照和景色。但是在住宅密集区的狭小用地想拥有好的景色很困难。这时只能舍弃景色，建造采光窗，优先考虑为进入室内的光线配置窗户。

在不期待景色的情况下，可使用磨砂玻璃。磨砂玻璃可以阻挡外面的视线，保护内部私密。但是晚上一开灯，窗户上也会映出人影，所以要注意形象。

在不确定采用磨砂玻璃还是透明玻璃时，是否安装窗帘就起了决定性作用。如果安装窗帘，那么可用窗帘遮掩，这时可以选用透明玻璃。

要点29 用于采光的天窗和高侧窗的安装方法

在楼梯的上方设置天窗。中午时，明亮的阳光穿过楼梯井到达底层。（AUBE工作室）

如果是都市型的狭小住宅，可大量使用高侧窗和天窗采光，能有效保持室内亮度，但是，应充分考虑安装的位置。

例如，夏天时，阳光从天窗射入，房间变热，即使打开空调也不会变凉爽。因此，要在夏天阳光不能直射的地方设置天窗，这一点很重要。

天窗和高侧窗设置在挑空和楼梯井的上方，即使是小窗户，也能让屋子充满阳光。另外，可采用电动窗户，方便开关，也能及时将室内的热气排到室外。

采用高侧窗时，会用组角片将窗框固定在天花板上，光线沿着天花板扩散，会出现各式效果。

要点30 室内采用明亮淡雅的颜色装饰

客厅采用白色的墙壁、明亮的地板。阳光穿过落地窗，室内氛围明亮又开放。（kitokito工作室）

越是小户型住宅，越需要从视觉上和心理上扩展空间。因此，与视线穿透性同样重要的是室内装饰。

以明亮淡雅的颜色作为基础。壁纸、涂料和瓦工材料等应从被称为膨胀色的白色和粉色中挑选。瓷砖也最好选用白色的马赛克瓷砖。地板砖也采用相同色系。

木地板采用色彩明亮的松木、丝柏木、水曲柳木等木材，并涂以白色涂漆。

室内的地面材料，尽量选用一种材料，这样可使空间具有连续性，看起来更开阔。为了制造连续性，建议采用不会造成阻碍的拉门或是卷帘门。

要点31 室内装饰减少『线』的使用

尽量减少踢脚线和门窗框的使用。采用较结实的胶合板等，不用担心墙面、内角破损，施工方便。（AUBE工作室）

设计小户型住宅有很多限制。尽可能减少踢脚线、门窗框、顶角线等，让整体设计更流畅，扩大空间感。

虽然可以不做踢脚线，但因为有时悬挂吸尘器等会损坏墙壁，所以建议还是安装上。可以将踢脚线做得小一些，颜色与墙壁保持一致，不会引人注目。也可采用弱化其存在感的嵌入式踢脚线。

门窗框嵌入天花板和墙壁内，并保持色调一致，这样不会显眼。还要控制可见边框的宽度。

顶角线基本上可以省略。天花板和墙壁间留有空隙时，可保持原状，并对间隙加以利用，打造成间接照明，让空间更富有进深感。

要点32 利用间接照明营造出的进深感

在客厅墙壁的上方设置垂壁，在其间安装照明器具。（奥山裕生设计事务所）

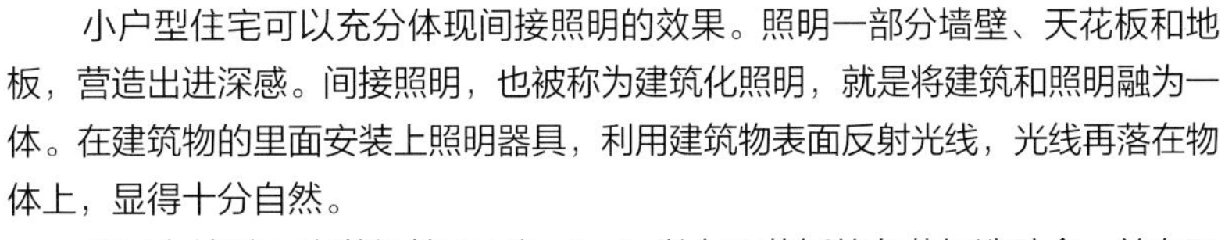
小户型住宅可以充分体现间接照明的效果。照明一部分墙壁、天花板和地板，营造出进深感。间接照明，也被称为建筑化照明，就是将建筑和照明融为一体。在建筑物的里面安装上照明器具，利用建筑物表面反射光线，光线再落在物体上，显得十分自然。

如果在墙壁上安装间接照明灯具，可以在天花板的角落打造壁龛，并在那里装入灯具。要注意光线不宜过亮，并且灯具要隐藏起来。也可安装在家具的上方，照亮墙壁。

除了安装在家具的上方，从那里向天花板和墙壁之间的空隙照射，还可以将灯具安装进弧形天花板。

如果想照亮地板的话，只能从家具的下方照亮地板。在玄关等空间，将照明器具安装在抬高地板的边缘。采用间接照明，可使被照亮的墙壁和地板更富有质感。

要点33 小户型住宅应设置多个收纳空间

将楼梯的下方做成架子。（伊佐HOMES）

小户型住宅要重视收纳空间。住宅大小和物品多少没有关系，因为一个人对东西的价值观不会变。如果随口说屋子小，东西就丢掉吧，这对于那些花很多钱想要打造理想住宅的业主来说，是非常失礼的。

因此，要多了解不占用空间的同时提高收纳能力的技巧。可在各个房间和走廊的墙面设置小型的收纳空间来代替步入式衣帽间。因为步入式衣帽间必须留有人站立的空间，而这个空间不能放东西。因为房间和走廊本身就是人们休息和移动的空间，所以在这些地方设置收纳空间，就可以在不另占空间的情况下提高收纳量。要有效利用走廊等墙壁多的地方。

重点是利用好地板间的高度差和地板下面。把榻榻米空间的地板抬高，下面用作收纳空间。也可以把楼梯下面的空间用来收纳。

要点34 减少走廊，增加客厅和收纳空间

不借用走廊，从客厅、餐厅兼顾厨房进入玄关和楼梯。（伊佐HOMES）

走廊是家中的交通空间，人们很少会在此处停留。明确地说，走廊除了通行别无他用。因此，在使用面积有限的小户型住宅中，应尽量减少设置走廊。

如果一楼是以客厅、餐厅兼厨房为中心的结构，基本上走廊是不必要的。当一楼还有其他单间时，可以在客厅、餐厅兼厨房的墙壁安装通往单间的门，动线简单流畅。

没有客厅、餐厅兼厨房的情况下，在建筑的中间设置楼梯和玄关，从楼梯和玄关直接进入各个房间。根据用地面积和楼道位置，将玄关设置在中间比较困难。但如果布置得当，中央玄关、楼梯也是可以实现的，只是楼梯只能采用旋转楼梯。

要点35 墙壁收纳要设法减轻给空间带来的压迫感

铺设榻榻米的空间墙面得到充分利用。为了减轻压迫感，采用了地柜和吊柜。（饭田亮建筑设计室）

要控制收纳空间的面积，可采用墙壁收纳，将其设置在客厅、走廊、玄关等场所。

应该注意的是，如果在同一个场所的多面墙上设置了收纳空间，这些地方就不宜再摆放家具。

如果对收纳量没有要求，可将收纳柜高度控制在及腰高度，以减轻压迫感。收纳量不足时，可在墙上做吊柜，吊柜的下端在墙壁的中间位置，同样可以减轻压迫感。

必须设置墙壁收纳时，要尽量将物品隐藏起来。具体来说，就是用门等将物品遮挡住，柜门上装斜拉手，向左右拉开。颜色要与墙壁色调一致，可采用胶合板营造木质感。

要点36 采用Ⅱ形步入式衣橱

Ⅱ形步入式衣橱。左右墙壁用于收纳。（滨松建设）

步入式衣帽间必须留有站立空间，对于小户型住宅来说并不实用。但由于可以将衣物收纳在一个空间，所以仍有很多业主希望打造步入式衣帽间。

步入式衣帽间有多个种类，根据业主衣物的种类、多少，以及空间的状况来选择。相比L形，Ⅱ形步入式衣帽间收纳量大并具有便利性，死角不多，容易找到衣物。但是Ⅱ形步入式衣帽间要保证至少占3叠大的空间。

通道的两边都设置入口，方便进出，既可作为收纳空间，也可用作过道。

衣帽间部分采用简易结构，再放上一些衣架即可使用。需要注意尺寸应该要能放下从市面上购买的抽屉。

三层楼小户型住宅的实例研究

在东京、大阪等都市圈，地价高的住宅密集区内多见三层木制房屋。如何将通常建成两层的房屋格局进行划分，配置在有限面积之内呢？在这里，通过对长年在东京小岩等地方负责狭小三层住宅建设的田中工务店的案例进行分析，进而总结房屋的格局设计方法。

解说：田中健司

技巧：坐在餐桌前看电视

客厅、餐厅和榻榻米角落。通常来说，里面是餐厅，旁边是客厅。这里没有设置客厅，而是以榻榻米空间代替。坐在餐桌前可以观看电视节目。

实例1 建造在居住区的L形三层楼房

建在居住区狭小用地上的住宅。建筑容积率的微降确保了车库的存在，但建筑面积变小，于是采用小型房间格局。车库一侧空间狭窄，所以在此建造楼梯和走廊等。

右图：建筑外观。建筑外的空间大部分作为车库。阳台设在车库的上方。
左图：三楼的儿童房。将来孩子增加可以设置隔断隔开。变少的收纳空间用阁楼来补充。

金町的家

设计、施工	田中工务店
家庭结构	夫妻和两个孩子
用地面积	62.48 ㎡
一楼使用面积	30.45 ㎡
二楼使用面积	30.45 ㎡
三楼使用面积	26.08 ㎡
使用面积总和	86.98 ㎡

从榻榻米角落看客厅。因为通往里面的直线形走廊也有和外部连接的窗户，不会让人感到空间狭窄。

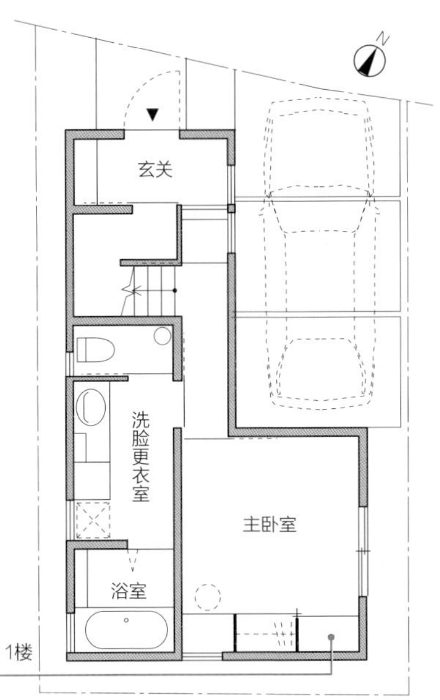

尽管主卧室只有6叠大小，但仍然设置了小型收纳间

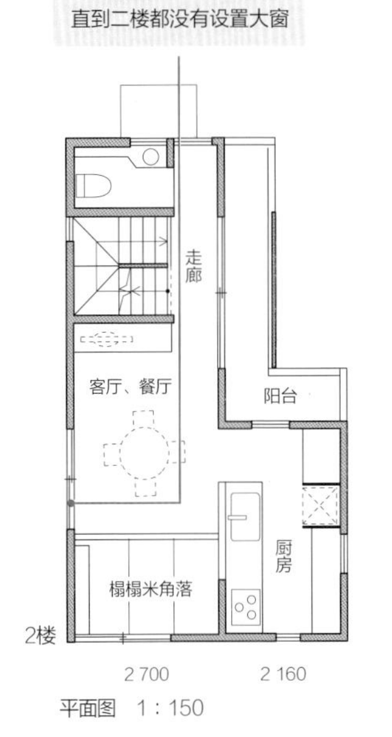

因为南侧邻居离得太近，直到二楼都没有设置大窗

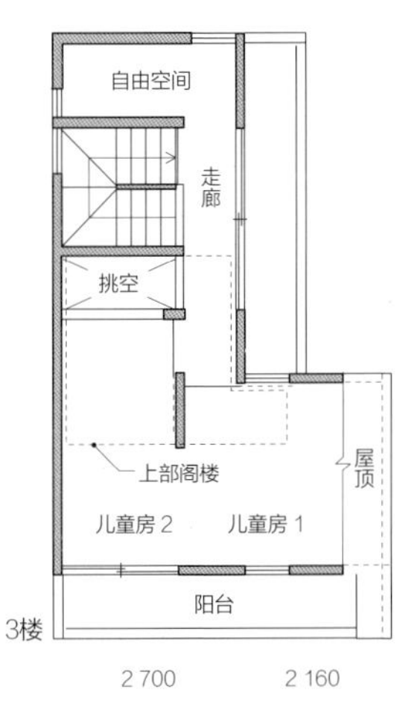

平面图 1：150

外观。沿着前面道路设置停车空间。二楼的厨房相较一楼，是凸出来的。

实例2 低建筑容积率用地的都市型三层楼房

都市里住宅区很多，不仅用地狭小，而且建筑容积率低。虽然容易确保停车空间，但是建筑面积受到一定限制。可以选择不设置客厅，以餐厅为中心，并配置书房和工作空间的格局。

技巧1：小玄关多设置收纳空间

从内侧看玄关。玄关收纳柜上下均留有空间，以减少压迫感。虽然没有显示在照片上，但右侧也是玄关收纳柜。

技巧2：省略客厅

从餐厅看厨房。没必要设置小型客厅，这里的榻榻米空间是个既可以坐，又可以躺的舒适空间。

一楼的主卧室。空间小巧紧凑，图片右侧拉门内是步入式衣帽间。对面则配置壁橱。

从正面看一级台阶高的榻榻米空间。台阶部分可做成抽屉式，确保收纳空间。

技巧3：设置只用于睡觉的儿童房

儿童房。两个孩子可充分利用6叠大小的空间。将来可以用隔断隔开，设置两扇门。右侧的开口处和挑空相连接。

左侧拉门和右侧连接挑空的拉门都能开关。

技巧4：让孩子在工作间学习

工作间。由于儿童房很小，让孩子在工作间学习。

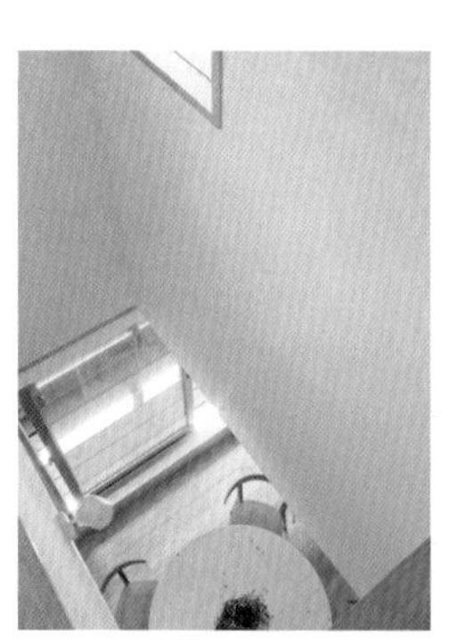

技巧5：正因为是小户型住宅，挑空显得更加重要

从三楼看二楼的餐厅。小户型住宅里，这样的挑空空间很重要。

田端的家

设计、施工	田中工务店
家庭结构	夫妻和两个孩子
用地面积	58.01 ㎡
一楼使用面积	30.37 ㎡
二楼使用面积	32.80 ㎡
三楼使用面积	28.75 ㎡
使用面积总和	91.92 ㎡

技巧6：三层楼房用楼梯作为门窗隔扇来间隔

三楼有冷气设备，为了防止冷气流向低层，导致房间变冷，所以用门窗隔扇来堵住成为冷气通道的楼梯。同时，也能防止孩子掉落。

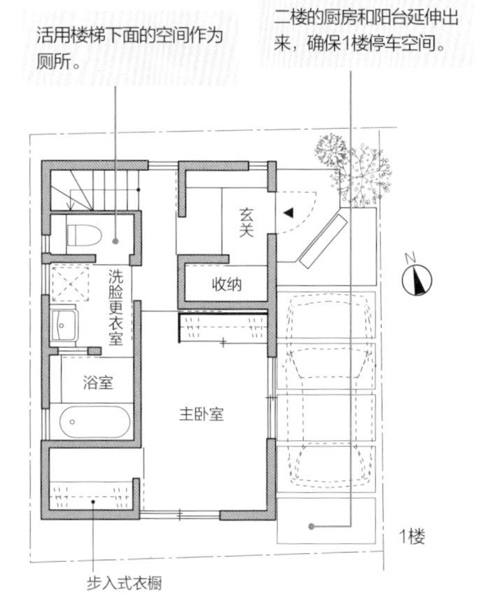

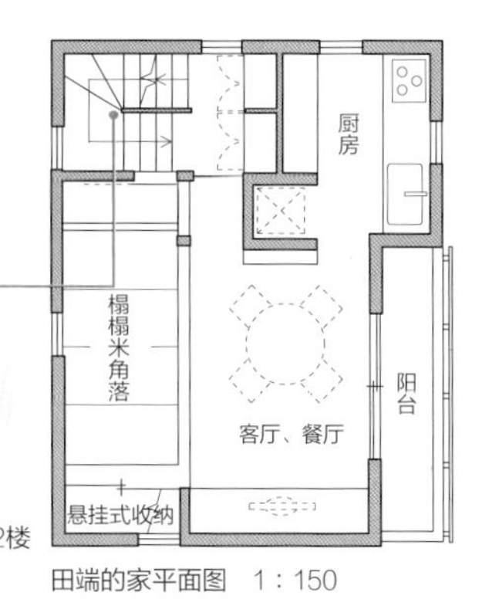

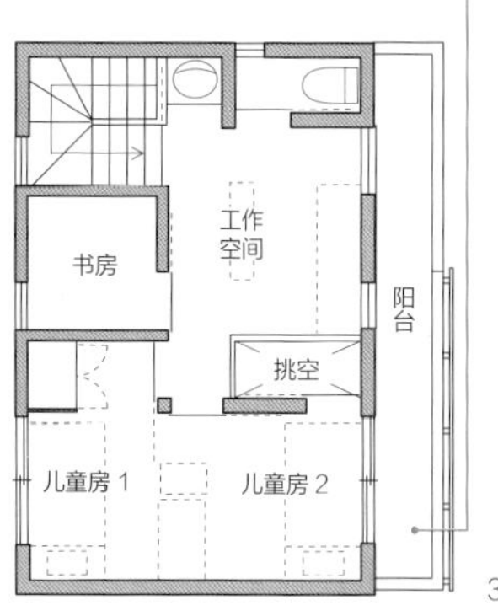

田端的家平面图　1：150

狭小、不规则用地上带车库的三层楼房

用地不仅狭小，还是不规则的，条件极其严峻。因为是不规则用地，所以很难确保与实际使用面积相符的必要空间。应设法掩饰狭小性。这种条件下还要设计车库真是不容易。

餐厅和厨房。餐厅兼作客厅，坐在餐椅上可以好好休息。

技巧1：设置多用途的长桌子

从餐厅看厕所方向。没有沿着墙壁设置沙发，而是在墙边设置长桌子。长桌子可以用作学习空间、电视柜和收纳台等。

二楼的厕所。厕所和洗漱池设置在一起，以节省空间。厕所里有洗衣机，还带有阳台，可见家务动线十分方便。

技巧2：用挑空把两个儿童房隔开

从儿童房看挑空。楼梯和挑空把两个儿童房隔开。

从一个儿童房看另一个儿童房。由于天花板很低以及斜线限制，导致了两个儿童房的面积不同。

楼梯处设置书架代替扶手墙。为了方便，把书架的位置设置得稍微往后一些。

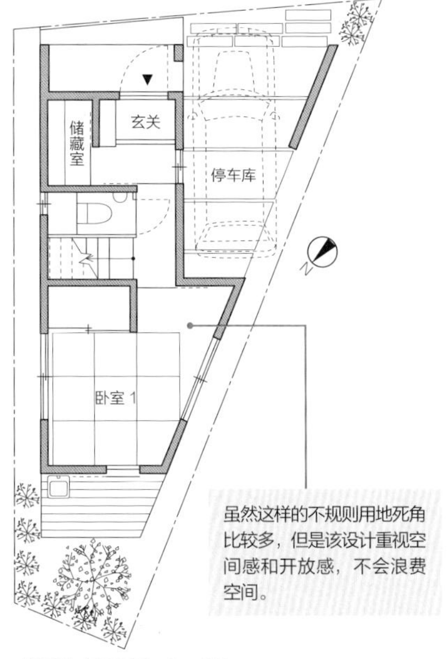

虽然这样的不规则用地死角比较多，但是该设计重视空间感和开放感，不会浪费空间。

为了避免产生狭窄感，确保视线通透。

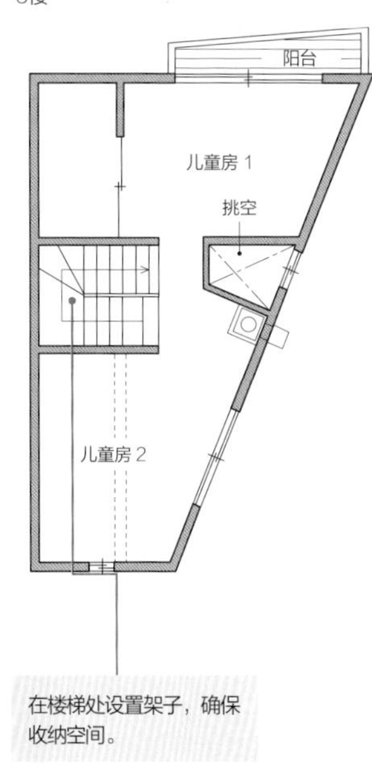

在楼梯处设置架子，确保收纳空间。

梯形的家平面图　1：150

梯形的家

设计、施工	田中工务店
家庭结构	夫妻和两个孩子
用地面积	56.86 ㎡
一楼使用面积	21.04 ㎡
二楼使用面积	33.00 ㎡
三楼使用面积	31.97 ㎡
使用面积总和	86.01 ㎡

技巧3：4.5叠大的主卧室

主卧室。由木地板和4.5张榻榻米构成，可并排铺两床被褥，空间也很宽敞。

从玄关看走廊和主卧室。右侧是储藏室，具有足够的收纳空间。一直延伸到主卧室的走廊，减少了玄关的压迫感。

建筑外观。屋顶倾斜度较大。因为是不规则用地，固定车库为梯形，很好地确保了车库的收纳空间。

技巧1：利用墙壁和柱子的空间来收纳

厨房的固定收纳空间。为了确保狭小的厨房通道宽敞，将柜子嵌入柱子内。

实例4 两个成年人居住的三层楼房

消除高度限制的案例。以二楼为中心，上下分成两个简单的分区。虽然是小户型，但最大限度地满足了每个人的兴趣和工作需求。

客厅和餐厅。客厅采用榻榻米，在内部设置小型餐厅。对于习惯榻榻米生活的人来说，这样比较舒适。

技巧2：能接待多位来客的长凳

设置在二楼餐厅，兼具收纳功能的长凳。因为子女会带着孩子来做客，这里用长凳来代替椅子，方便落座。打开座面，内部是个收纳空间。

客厅。6叠大的空间与落地窗、阳台相连接。外设木制栏杆，坐下来不用担心邻居的视线。

一楼的工作室和卧室。父亲是个手艺人，在工作室工作，里面的卧室是可铺被褥睡觉的简单布置。虽然是两个4.5叠大小的小型房间，但设置吊柜后，看上去就不那么狭窄。

外观。前面是停车场空间，玄关位于旁边的道路上。三楼的小房间是儿子的卧室。

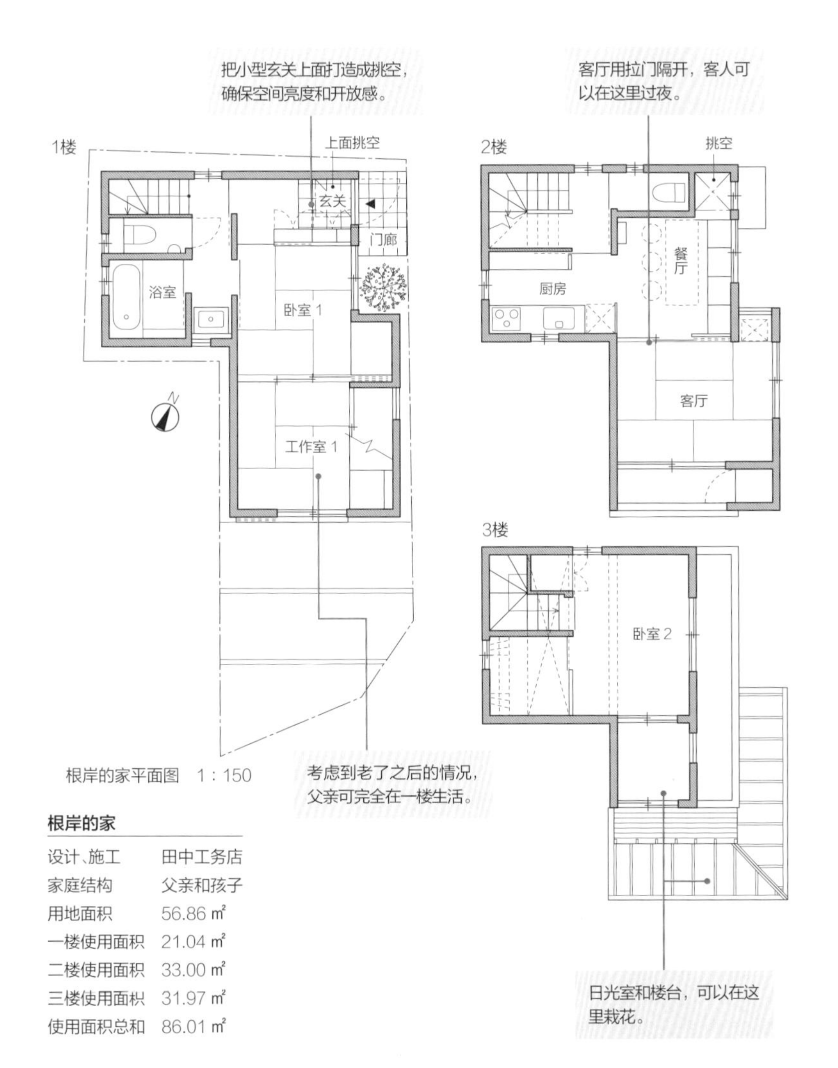

根岸的家平面图　1：150

根岸的家

设计、施工	田中工务店
家庭结构	父亲和孩子
用地面积	56.86 ㎡
一楼使用面积	21.04 ㎡
二楼使用面积	33.00 ㎡
三楼使用面积	31.97 ㎡
使用面积总和	86.01 ㎡

技巧3：用楼梯收纳

将楼梯台阶设置为抽屉，用作收纳空间。小户型住宅往往收纳空间不足，能够收纳的地方都要充分利用。

三楼的卧室。作为儿子的私人空间。左边拉门里面是壁橱，中间拉门里是楼梯，右面的双扇门内是收纳空间。三楼楼梯入口安装的门要能够防止冷气外漏。

实例5 不考虑停车，房间格局充实的三层楼房

在40㎡的小型用地上建造的住宅。因为没有车，用地可充分利用，最大限度确保建筑面积。虽然是小型建筑，但使用了挑空和跃层，方案清晰，设计过程非常有趣。

三楼的榻榻米空间。虽然通常作为书房使用，但将隔扇背面的书桌和收纳架挡住之后，可用作客人住宿的空间。

技巧1：利用跃层的高低差设置收纳空间

收纳空间不足用阁楼来弥补。

三楼大厅隔绝冷气的拉门，台阶处的抽屉和墙边架子可用来收纳。

跃层的楼梯用作收纳抽屉。

三楼的房间。作为儿童房使用。可从大厅上到阁楼，空间开阔。正面可以看到通往阁楼的梯子和扶手。

在主卧室设置大量收纳空间。

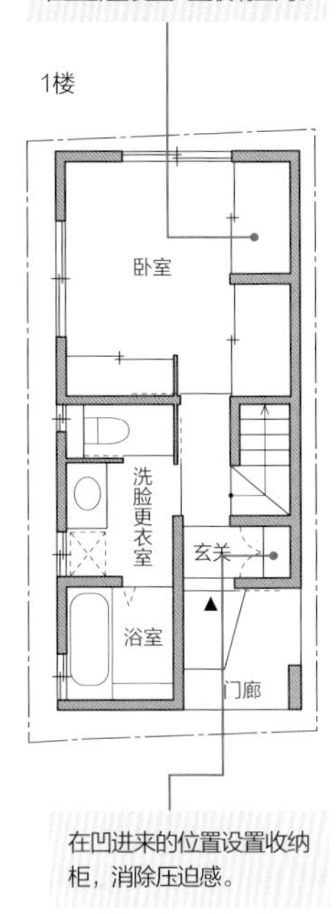

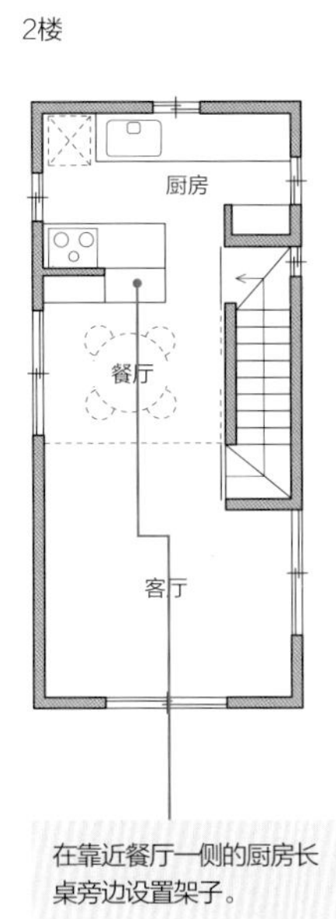

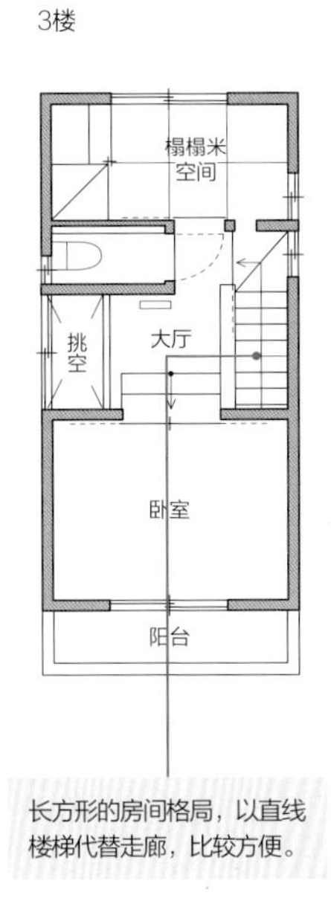

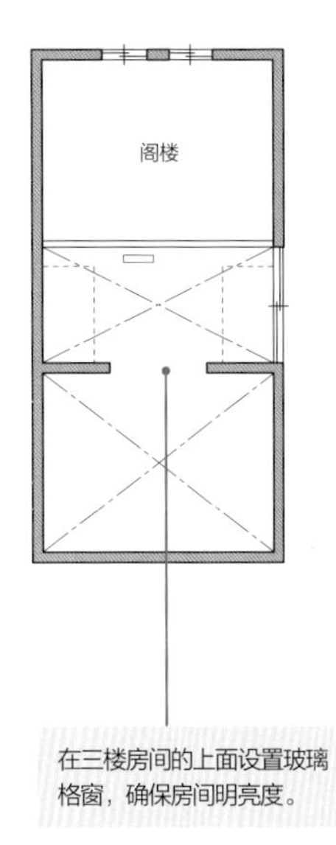

在凹进来的位置设置收纳柜，消除压迫感。

在靠近餐厅一侧的厨房长桌旁边设置架子。

长方形的房间格局，以直线楼梯代替走廊，比较方便。

在三楼房间的上面设置玻璃格窗，确保房间明亮度。

谷根千的家平面图 1：150

谷根千的家

设计、施工	田中工务店
家庭结构	夫妻和一个孩子
用地面积	40.12 ㎡
一楼使用面积	25.92 ㎡
二楼使用面积	29.16 ㎡
三楼使用面积	24.30 ㎡
使用面积总和	79.38 ㎡

技巧2：跃层让高度产生变化

从客厅看餐厅和厨房。三楼作为跃层部分，拔高了客厅的天花板。二楼的餐厅因为一侧上方是挑空，所以没有压迫感。

技巧3：用楼梯采光

楼梯。配合建筑的耐火结构在楼梯背面钉铁板。楼梯井上面的天窗可以使光线照到底层。

外观。把用地全部建满。三楼阳台一部分凹进去，使外观产生变化。

一楼的房间。用作主卧室。由于被住宅包围，窗户主要以采光为目的（左图）。两个壁橱和一个衣柜则保证了足够的收纳空间（右图）。

考虑客人来访与通风效果的厕所配置

虽然厕所是私密空间，但到访的客人也会使用，需注意其配置。
这里介绍一种在狭小空间内配置厕所的方法。

从LD看不到通风窗户

厕所的门是拉门，通常是拉开状态。

a　在厨房旁边和后方设置厕所，便利生活的同时，保护了隐私（新井的家）
b　通风用的厕所窗户（新井的家）
c　厨房旁边的窗户便于厕所的通风与换气（松原的家）

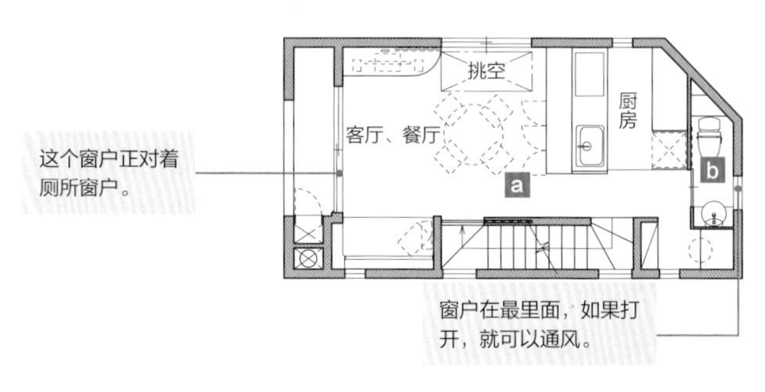

新井的家平面图　1：150

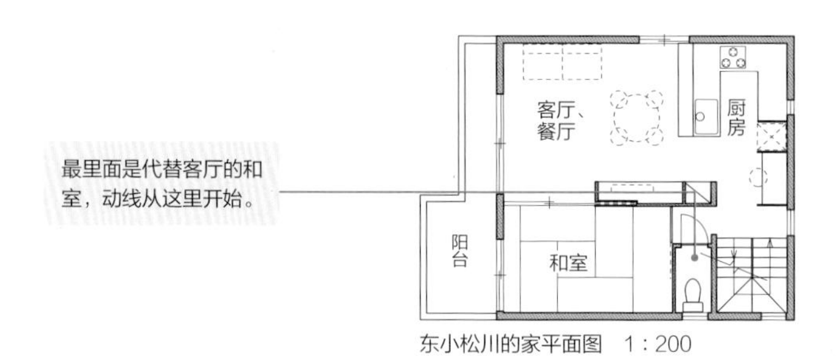

东小松川的家平面图　1：200

窗户在最里面，如果打开，就可以通风。
稍高一些的和室
LDK
阳台
这个窗户正对着厕所窗户。

松原的家平面图　1：150

参考来源：田中工务店

5

平房格局的规则

没有障碍、外观美丽、庭院开阔等理由
让建造只有1层的平房风靡一时。
本章介绍了美丽和舒适并存的分体住宅格局，
此外还通过实例解说了平房格局的设计规则。

3栋平房内互相干涉、互相帮助的两代人

两代人同住的房子是什么样的呢？
让我们从实际的案例中，试着了解一起成长、一起生活的两代人同住的住宅样子。

解说：铃木昌司　摄影：塚本浩史

森町的家

设计、施工	扇建筑工作室
所在地	静冈市周智郡
家庭构成	两代夫妻
结构	木制平房
用地面积	780.08 ㎡
建筑面积	169.05 ㎡
总建筑面积	197.09 ㎡

关于两代人同住的住宅，我心里秉着“两代人可以互相干涉”的信念进行设计。

两代人住在一起有许多不同的目的，有像“想尽孝心”以及“和长辈共同生活期间，子女可以多学些东西”这样的理由，也有像“土地价格和固定资产税太贵了”以及“想把居委会活动委托给长辈”等理由。

这其中后者居多，因此，住宅基本上都是LDK、用水区乃至玄关都完全独立的格局。难道不应该建造一个真正意义上的，能够一起享受两代人丰富生活的家吗?

只要是父母子女，只要是家人，就应该过互相干涉、互相谦让和互相尊重的生活。我觉得应该从这样的关系中发现同居本来的富足与乐趣。

这栋住宅住户的亲子关系非常好，小夫妻作为业主，和他们在外地已经独立生活的孩子关系也非常好，另外在地域社区的交流里他们也十分积极。

这块与道路连接处高低不平的用地，当初为了和道路的高度相融合，做成了平地，导致因从道路另一侧后面山上溢出的雨水的流入，而长年潮湿，总生长苔藓和霉菌，让人十分苦恼。因此，计划通过这次改造将用地重新修整成倾斜的样子，这样从山上流下的雨水就很难进入用地。

为了巧妙利用倾斜的用地形状，分别建了中央栋、北栋和南栋共3栋小平房。

父母辈居住的中央栋里集中了LDK、浴室、洗脸更衣室和玄关等共有空间，让家人们经常聚集在中央栋里。北栋是以小夫妻的卧室为中心的简单格局。

此外，作为沟通空间的四坡顶式建筑——南栋是家人、亲戚和邻居朋友们一起吃烧烤和做年糕的场所，也可以用来放置杂物。

所有的建筑庭院都在东侧，门朝向前面的田地，两代人可以在一起享受每天的快乐生活。

从田地一侧看3栋分开建造的住宅。
从右边开始依次是北栋、中央栋和南栋。

上图：从东侧庭院看到的北栋（右）和中央栋（左）。
下图：从停车场一侧看见的中央栋（右）和北栋（左）。在中央栋的右侧是玄关和玄关门廊。

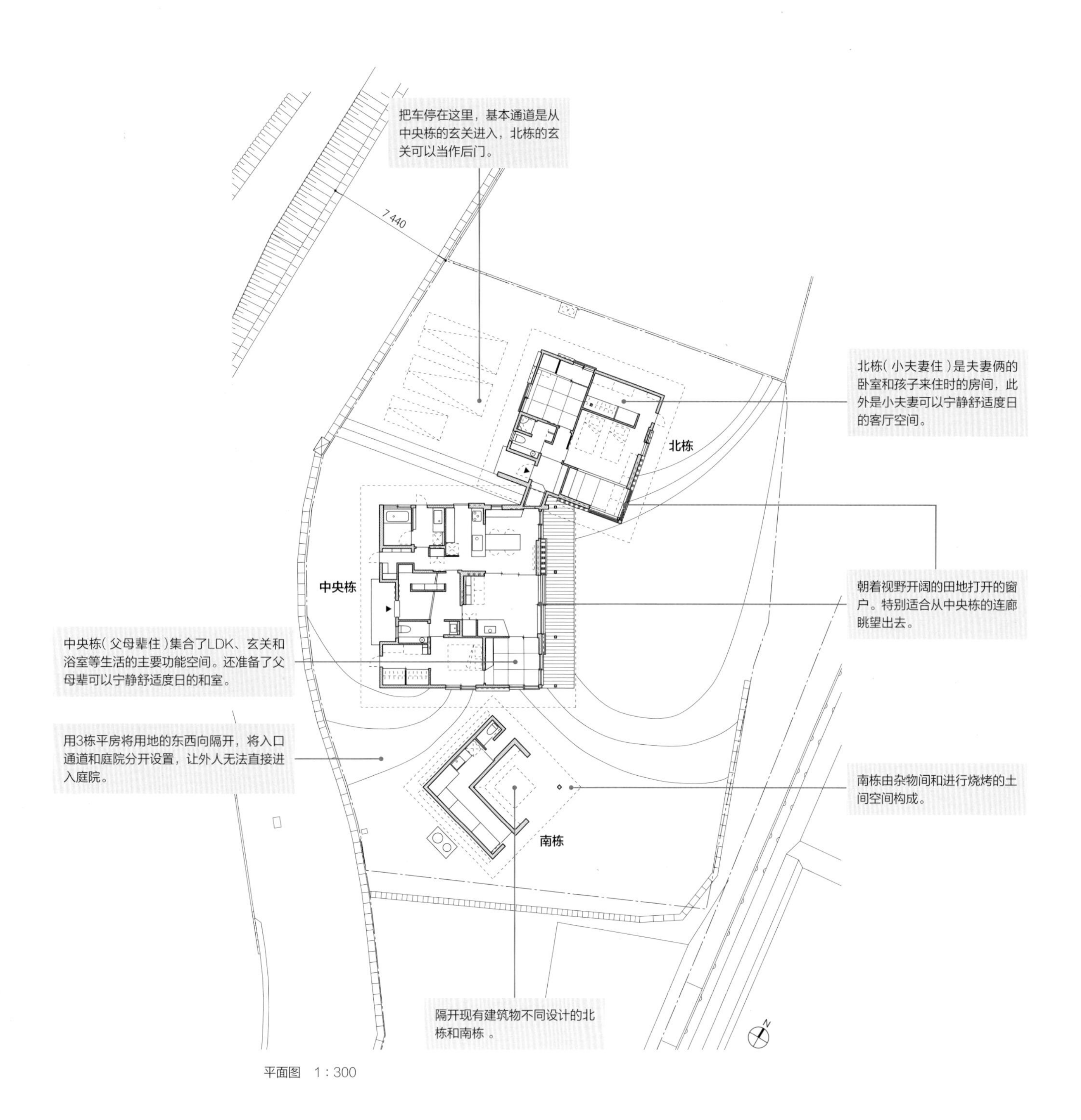

平面图　1：300

从南栋一侧看中央栋和北栋。

从客厅看餐厅、厨房。

从餐厅看客厅。

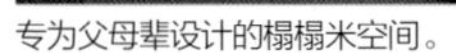

专为父母辈设计的榻榻米空间。

洗脸更衣室。左边是浴室入口。

定制厨房。

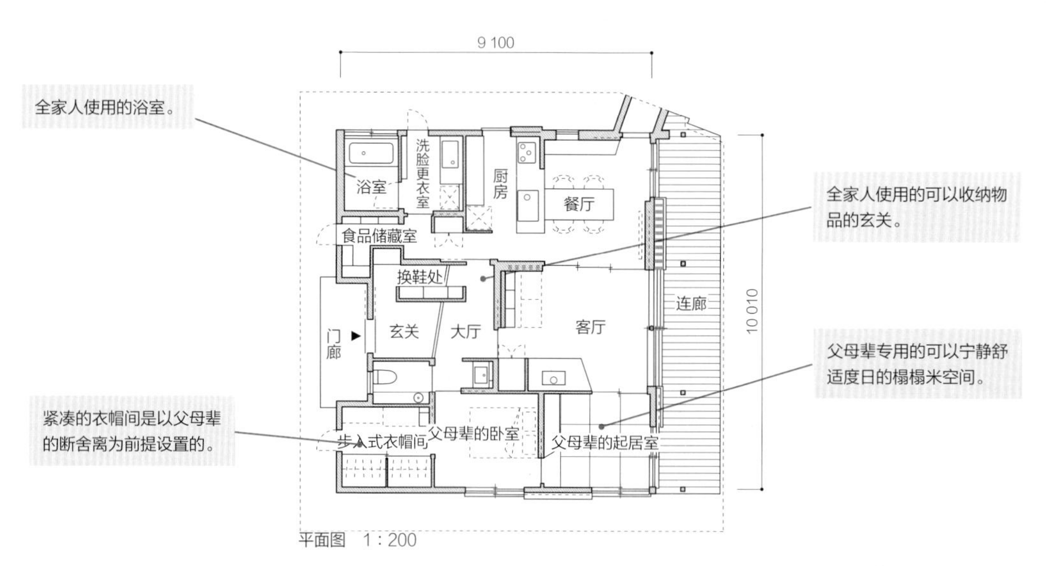

平面图　1：200

从东侧的庭院看中央栋的连廊和客厅，还有里面的北栋。

上　卧室和小夫妻可以轻松舒适度日的檐廊（小客厅）。设置了定制沙发。

下　客房。在外居住的孩子们回家时就寝的地方。

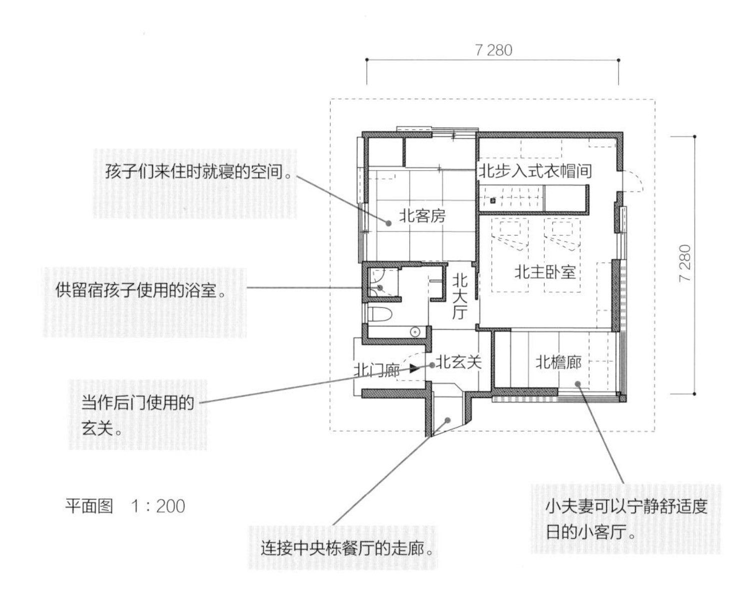

平面图　1：200

厕所和定制的洗手台。　北玄关的定制收纳柜。

从北玄关看中央栋的餐厅。

平房的格局要大小适中

近些年，以郊区为中心，人们对平房的需求日渐增加。本节通过对扇建筑工作室案例的解说，介绍没有楼梯、便于移动的舒适平房格局设计。

解说：扇建筑工作室

不少人都认为平房的需求不多，客户应该更想拥有一个“两层楼”的家。

但是仔细想想，为什么一定要建造两层楼呢？实际上并没有必要。比如，孩子成年后独立生活，对夫妻两人来说，平房就足够了。

令人意外的是，在30~40岁的人群中希望住平房的人数最多。他们不会在无用的东西上浪费钱，也没有“房间面积尽量大一些，房间数量尽量多一点”的想法，只想要一间面积差不多大的平房。

当然，用地的广度在变化。即使是简易平房，也要仔细、合理地加以规划。

原则1 在用地面积内合理规划庭院、停车场、建筑物

平房用地有很强的一体感，在用地面积内应尽可能地建造庭院。

a 厨房与餐厅连在一起

空间拥有比较完备的使用功能，厨房台面和餐桌连为一体，提高了空间利用率。客厅、餐厅、厨房各占8叠空间。

b 以木连廊和窄窄的走廊连接庭院和室内

将木连廊设为L形，与室内空间和庭院相连。低屋檐是平房的特点，家人可以在木连廊和窄窄的走廊等半屋外空间中快乐生活。

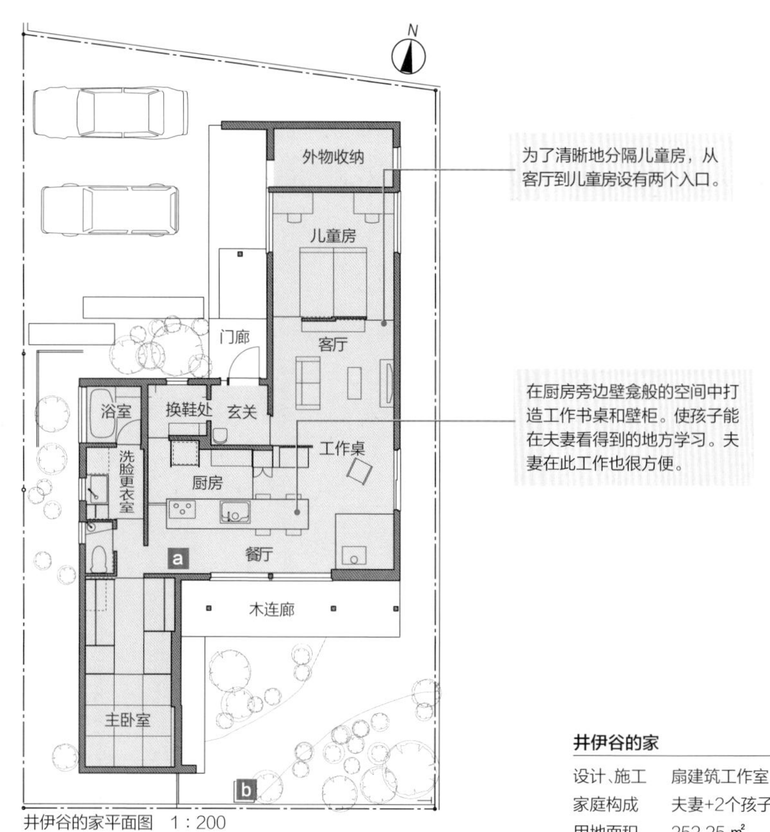

井伊谷的家平面图 1：200

南北方向的细长用地上，南侧为庭院，北侧为停车场。平房纵向细长。用地内不设死角。

井伊谷的家

设计、施工	扇建筑工作室
家庭构成	夫妻+2个孩子
用地面积	252.25 ㎡
总面积	90.75 ㎡
建筑密度	36%

平房的好处

空间利用率高	既然不需要楼梯，生活空间就可以控制在小面积范围内。因为只有一层楼，所以动线必然变短，做家务会变得更有效率
有利于邻里关系	房屋高度较低，不容易影响邻居家的通风、日照
抗震性能强	因为负荷小且重心低，所以房屋的抗震性能强。而负重小，柱子的数量也会很少，空间自由度上升
通风良好	门窗可以做得较大，方便通风
庭院很近	走廊到庭院的距离很近
无障碍	没有上年纪后上下楼梯的不便，也便于做扫地之类的家务

原则 2 如果空间狭小，则有必要建造2楼

在确保完整的庭院、停车场、建筑物的前提下，如果平房不能容纳足够的居室，那么应该考虑增加2楼。

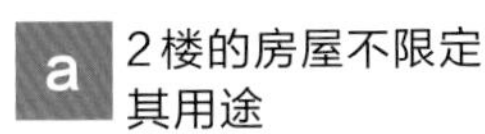

a 2楼的房屋不限定其用途

进行平面规划时，将1楼容纳不了的部分设置在2楼。2楼有儿童房和集中在走廊的收纳区，其他房屋并未限定用途。

b 考虑到对邻居的影响，降低2楼的高度

2楼尽量降低高度，特别是北侧小屋的收纳区，高度要更低一些。这个是对邻居的日照和通风的充分考虑。高度降低的话，重心也随之降低，反而会提升抗震性能。

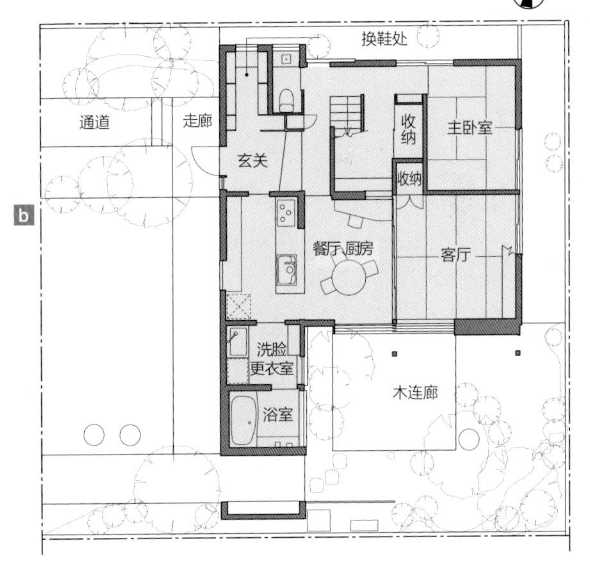

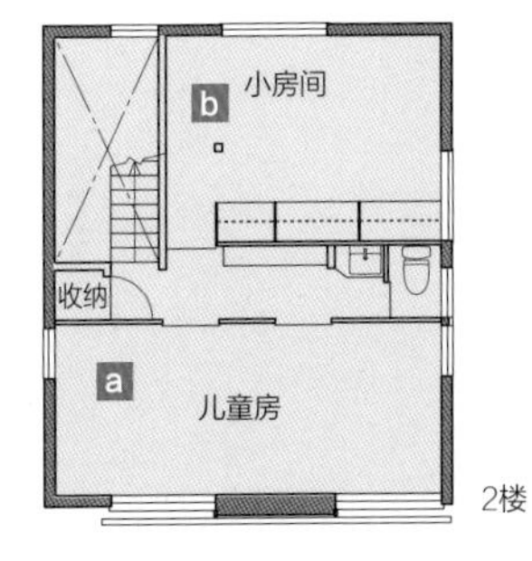

因为在1楼设置了卧室并配备了各种洗浴设施，所以老年人不会因爬不了楼梯而感到生活不便。

家代的家平面图 1：200

家代的家

设计、施工	扇建筑工作室
家庭构成	夫妻+2个孩子
用地面积	213.44 ㎡
总面积	82.36 ㎡
建筑密度	38%

原则3 大小适中的建筑面积为82.5 ㎡

一般来说，大小适中的房屋面积是82.5 ㎡左右。房屋中布置了客厅、餐厅、卧室，并且配备各种洗浴设施，还有1至2个可以自由支配的房间。如果需要设置庭院和停车场，那么用地面积至少需要213.44 ㎡。并且，为了使建筑物和用地融为一体，庭院不能设置得过大。

a 根据业主的要求改造LDK以外的空间

根据业主的要求，在确保完整LD的前提下，1楼留出了可以自由支配的少许空间。这里设置了4.5叠大的客厅。

b 也有将收纳区设置在天花板上的方法

透过隔扇，柔和的光线从南侧照入室内。客厅的天花板很低，将间隔的小空间打造成收纳区阁楼。

c 大小适中的LDK

夫妻2人居住的住房。1楼设置了客厅、餐厅、厨房。

d 考虑到对邻居的影响，严格控制空间高度

平房的空间高度必然很低，不会给邻居和道路带来压迫感，对构建良好的邻里关系也有帮助。

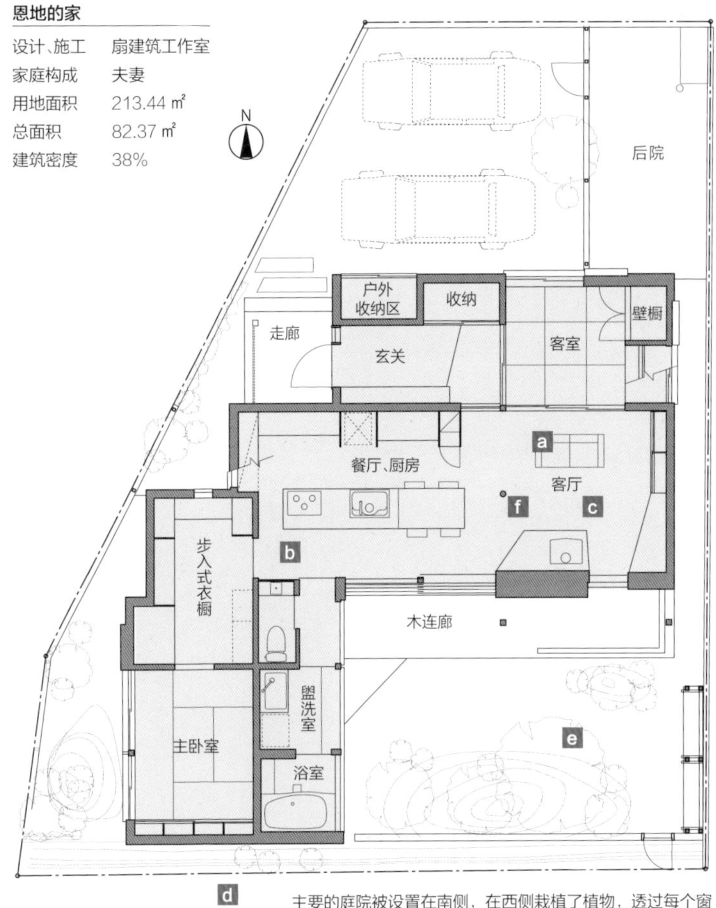

主要的庭院被设置在南侧，在西侧栽植了植物，透过每个窗户都能看到户外绿景。

恩地的家 平面图 1：150

e 设置走廊，感觉院子近在咫尺

内部空间整体接近庭院的建筑形式只有平房。木连廊被用来连接室内和室外。遮雨和夏季遮阳的屋檐，将阳台更加“内部化”，增强了与庭院的联系。

f 为欣赏户外绿景，窗的位置和大小也很重要

南侧的客厅和餐厅面向庭院。仿佛能用手直接触摸一般，可以近距离观赏花草树木。庭院给内部空间带来了宽裕感。

为打造"面积适中"的房屋，在"一个LDK"的基础上增加房间数量，重新评估并严格控制房间面积，只留下必要的房间。在这种情况下，平房是最佳方案。

a 不需要单人间和走廊

业主不需要单人间，只将舒适的LDK作为生活中心。厨房台面两侧设置了收纳区，将厨房和客厅分隔开来。

b 可以用作儿童房的车库

从玄关可以看到15叠大的车库。面积与LDK差不多，而且容易被改作他用。洗浴设施和晾衣区面向户外道路，出于防盗考虑，设置了围墙。

除了LDK和卧室以外还设置了宽阔的车库。这是喜欢车子的丈夫所希望的。同时，这里还可以被改造成儿童房。

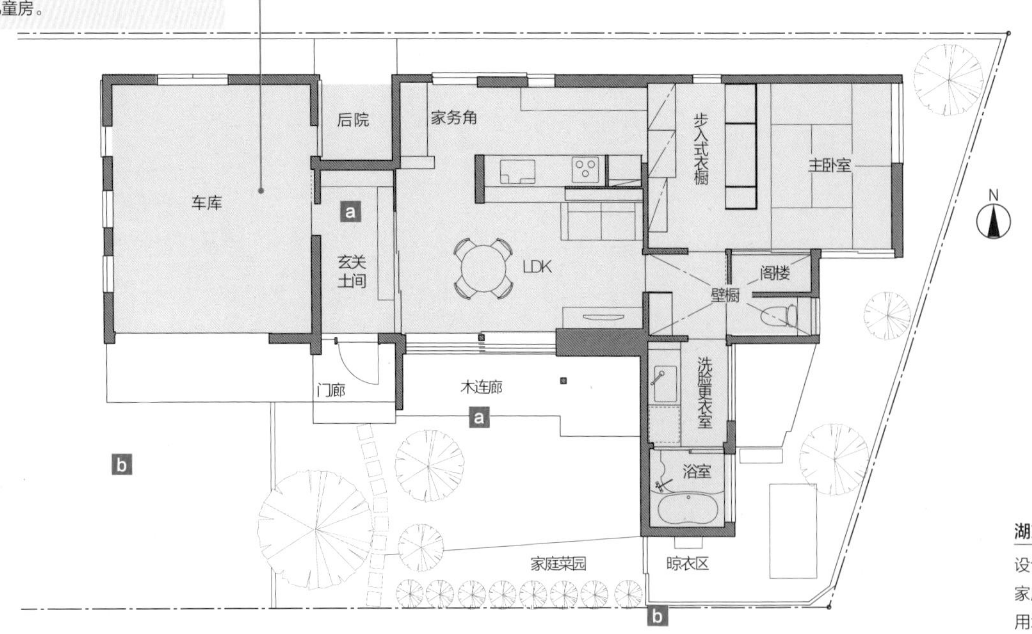

湖东的家 平面图 1：150

湖东的家

设计、施工	扇建筑工作室
家庭构成	夫妻
用地面积	255.19 ㎡
总面积	94.84 ㎡
建筑密度	37%

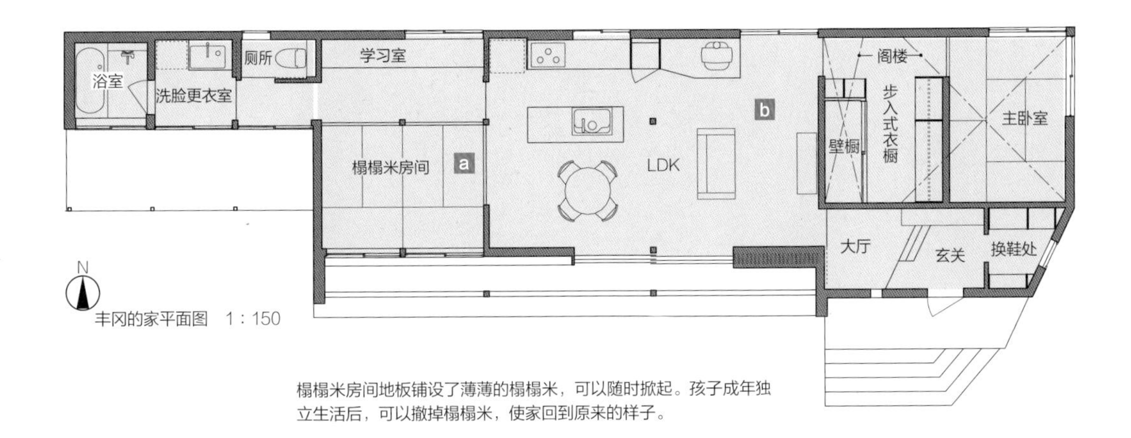

榻榻米房间地板铺设了薄薄的榻榻米，可以随时掀起。孩子成年独立生活后，可以撤掉榻榻米，使家回到原来的样子。

丰冈的家

设计、施工　扇建筑工作室
家庭构成　夫妻+2个孩子
用地面积　334.26 ㎡
总面积　88.24 ㎡
建筑密度　26%

a 转换成儿童房的榻榻米角落

榻榻米的厚度为15 mm。室内一侧目前没有门窗，但配置了一些柱子，如果想在儿童房中安装门窗的话，这些柱子可以提供些许便利。桌子位于榻榻米一角，可作为家务桌和孩子的学习桌，提高空间利用率。

b 所有这些配置都在1楼

从客厅到浴室以直线相连，家庭成员的生活空间都在1楼。业主觉得没有必要设置单人间。

a 屋子的两侧是窗户，可以看到户外

卧室、餐厅、厨房都面向北侧庭院，空间色调时尚，光照充足，不会让人有昏暗的感觉。

原则 5 宽阔用地让人产生眺望庭院的想法

尽管用地面积超过330 ㎡，使用面积却控制在99 ㎡，形成了很大的院。这样一来，不仅通风采光条件好，庭院里还可以栽花种草，景迷人。

房屋南侧是庭院、停车场，北侧也是庭院。客厅、餐厅、厨房被庭院围住，通风采光条件很好。

b “冂”形的地基设计，屋与屋相连通

北侧种有伊吕波红叶；连廊面向客厅及卧室，其面积相当于一个房间。

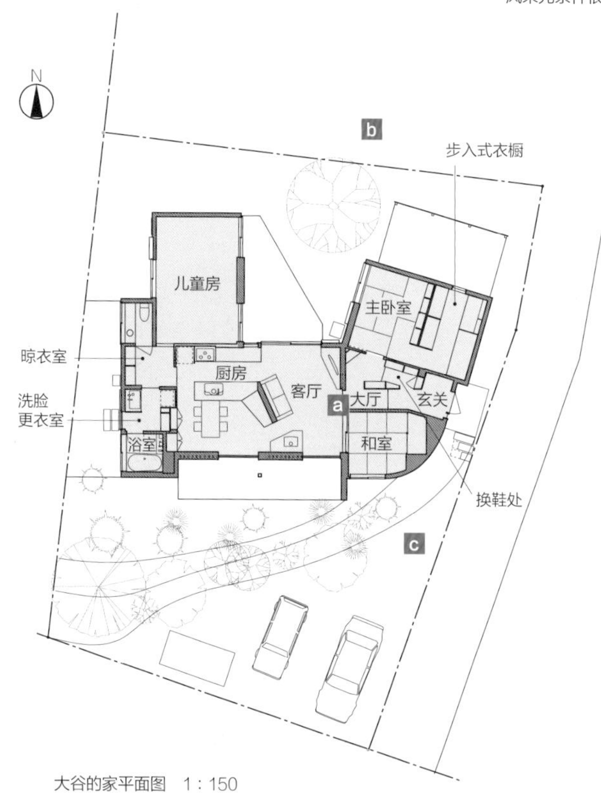

大谷的家平面图 1：150

大谷的家

设计、施工	扇建筑工作室
家庭构成	夫妻+3个孩子
用地面积	395.3 ㎡
总面积	106.85 ㎡
建筑密度	27%

c 比起房屋，业主更青睐于宽阔的庭院

在南侧，宽敞的庭院拓展了客厅、餐厅的视线，让有限空间具有开阔视野。

执笔、取材合作者一览表

秋山东一

NOOK工作室（胜见纪子）

AUBE工作室（西本哲也）

饭田贵之建筑设计事务所

饭田亮建筑设计室

井川建筑设计事务所

伊佐HOMES

阿部建设公司（阿部一雄）

扇建筑工作室

大阪燃气住房建设

奥山裕生设计事务所

加贺妻工务店

kitokito工作室

吉创意设计事务所+Atelier Como

sha-la工作室

翌桧建筑工作室（关尾英隆）

田中工务店（田中健司）

千岁HOME（西山哲郎）

西方设计

滨松建设

FREEDOM ARCHITECTS 设计事务所

松浦建设